U0313463

颚式破碎机与环锤式碎煤机的选型及应用

张智荣 著

北京

冶金工业出版社

2024

内 容 提 要

本书共 8 章，主要内容包括物料性质与粉碎机械选型、颚式破碎机和环锤式碎煤机的机型与性能、颚式破碎机的主参数及其使用与测试、环锤式碎煤机选型设计及应用实例，以及通风机与矿用风机。

本书可供从事破碎机研究和设计制造的技术人员及破碎机使用管理和维修工作的技术人员参考，也可供大中专院校矿物加工工程、机械设计及自动化等专业的师生阅读。

图书在版编目(CIP)数据

颚式破碎机与环锤式碎煤机的选型及应用／张智荣著. -- 北京：冶金工业出版社，2024. 9. -- ISBN 978-7-5024-9970-9

Ⅰ. TD451

中国国家版本馆 CIP 数据核字第 2024LA2583 号

颚式破碎机与环锤式碎煤机的选型及应用

出版发行	冶金工业出版社	电　话	(010)64027926
地　址	北京市东城区嵩祝院北巷 39 号	邮　编	100009
网　址	www.mip1953.com	电子信箱	service@ mip1953.com

责任编辑　王梦梦　美术编辑　吕欣童　版式设计　郑小利
责任校对　石　静　责任印制　窦　唯
北京建宏印刷有限公司印刷
2024 年 9 月第 1 版，2024 年 9 月第 1 次印刷
710mm×1000mm　1/16；9.75 印张；195 千字；143 页

定价 69.00 元

投稿电话　(010)64027932　投稿信箱　tougao@cnmip.com.cn
营销中心电话　(010)64044283
冶金工业出版社天猫旗舰店　yjgycbs.tmall.com
(本书如有印装质量问题，本社营销中心负责退换)

前　言

　　破碎机是通过外力将大颗粒物料转变成小颗粒物料过程中所用的装置，主要应用于矿山、煤炭、水泥、建材和化工等行业。国家城镇化建设的不断深化，对破碎设备提出了更高的要求。同时，在国内基础工业、基础设施大发展的推动下，市场对破碎产品的需求强劲。

　　本书介绍的环锤式碎煤机是火电厂输煤系统的主要设备之一，它可以有效且经济地将原煤破碎至规定的粒度以供锅炉使用。目前，国内专门介绍破碎机（特别是碎煤机）设计计算、使用维修及工程实例方面的书籍较少。作者根据多年研究成果和设计经验，以及在吸收当前国内外破碎机领域研究成果和资料的基础上，结合国内具体情况撰写了本书。

　　本书理论与实践相结合，通俗易懂，并配有相关机型安装调试方法，能指导工程技术人员具体操作。本书可供从事破碎机研究和设计制造的技术人员及破碎机使用管理和维修工作的技术人员参考，也可供大中专院校矿物加工工程、机械设计及自动化等专业的师生阅读。

　　本书的出版得到了临汾市科技重点研发项目（编号：2335），2024年中华职业教育社规划课题（编号：ZJS2024YB09）等的资金资助，在此一一表示感谢。

　　由于作者水平所限，书中不妥之处敬请读者批评指正。

张智荣

2024 年 3 月

目　　录

1 物料性质与粉碎机械选型

1.1 粉碎机械的基本概念

粉碎是指在外力的作用下，固体物料克服自身的内聚力，使大颗粒破碎成小颗粒的过程。

1.1.1 粉碎的目的

破碎机可以粉碎物料，粉碎的目的有以下几点。

（1）均匀化。由于大颗粒物料被破碎成细粉后，物料的比表面积会增加，因此多种细分状固体物料混合后可以获得良好的均匀效果。

（2）矿物加工（或解离）。随着矿产资源的开发和利用，矿石的品级日益下降。此外，矿石开发中越来越多选择耐火矿石，矿石中的有用矿物与杂质紧密结合。只有当矿石被完全粉碎时，才可以将有用矿物与杂质分离，从而获得比较纯净的矿物。

（3）粒度分级。固态原料的粒度必须满足生产工艺要求。

1）在冶金工业中，不同冶炼方法对矿石的粒度要求见表 1-1。

表 1-1 不同冶炼方法对矿石粒度的要求

冶炼方法	平炉	电炉	转炉
矿石粒度/mm	50~250	50~100	10~50

2）烧结用石灰石粒度要求见表 1-2。

表 1-2 烧结用石灰石的粒度要求

粒度/mm	最大粒度不得大于/mm	大于上限粒度的质量分数 不得大于/%
0~3	8	10
0~3	10	10

3）炼铁用石灰石粒度要求见表 1-3。

表 1-3　炼铁用石灰石粒度要求

粒度/mm	最大粒度不得大于/mm	大于上限粒度的质量分数不得大于/%	小于上限粒度的质量分数不得大于/%
0~3	80	10	10
0~3	90	10	10

4) 人造砂的粒度要求见表 1-4。

表 1-4　人造砂的粒度要求

粒级名称	粒级序号	粒度/mm
特粗砂	1	3.36~1.68
	2	1.68~0.84
粗粒砂	3	0.84~0.5
	4	0.84~0.42
	5	0.59~0.42
中粒砂	6	0.42~0.21
	7	0.297~0.149
细粒砂	8	0.21~0.105
	9	0.149~0.075
特细砂	10	0.105~0.053
	11	0.075~0.053

(4) 增加物料的比表面积。比表面积是指单位质量或体积的物料所具有的总表面积。物料粒度越小，其比表面积越大。增加物料的比表面积就是增加了物料与周围介质的接触面积，相应地会增加反应的速度，如固态燃料的燃烧和气化反应，物料的溶解、吸附和干燥利用粉末颗粒流化床的大接触面积来增强传质及传热等。物料的比表面积随粒度变化的情况见表 1-5。

表 1-5　比表面随粒度的变化

立方体边长/cm	切割后的数量	比表面积/cm² · cm⁻³
1	1	6
10^{-1}	10^3	60
10^{-2}	10^6	6×10^2
10^{-3}	10^9	6×10^3
10^{-4}	10^{12}	6×10^4
10^{-5}	10^{15}	6×10^5
10^{-6}	10^{18}	6×10^6

（5）超细粉碎。随着现代工业的发展，精细陶瓷材料、电子材料、磁性材料等的需求越来越多。目前使用的超细粉碎机械具体有高速冲击粉碎机、喷射磨机、振动磨机等。为了使超细粉碎产品的粒度符合下游原料的要求，一些磨机（例如振动磨机）被设计为闭环系统。

1.1.2 破碎比

设原料的粒径为 D，用破碎机或粉碎机粉碎后的物料的粒径为 d，则 D/d 即为物料的破碎比。在用破碎机破碎物料之后，颗粒尺寸减小的倍数称为平均破碎比，也就是破碎前后物料粒径的平均比值，能比较好地反映粉碎机的粉碎效果。为了方便，通常用破碎机最大进料口宽度与最大出料口宽度的比值来表示破碎机的破碎比。破碎机的平均破碎比一般低于公称破碎比，选择破碎机时应特别注意。

每种破碎机可以达到的破碎比不是无限的，都有一定的限制。

破碎比与单位功耗（单位质量粉碎产品的能量消耗）是粉碎机械的基本技术指标。单位功耗可以确定破碎机功耗是不是经济。不过，破碎比如果不同，那么两台破碎机的经济效果也是不同的。因此，如果要确定破碎机的工作效率，必须同时考虑单位功耗和破碎比。

1.1.3 粉碎段数和粒径

1.1.3.1 粉碎段数

在工业生产中，破碎比通常要求很大。例如，粒径为 500 mm 的固体物料要求被破碎成粒径为 0.5 mm 以下的颗粒时，总破碎比为 1000。要达到如此大的破碎比通过粉碎机或粉磨机无法一次完成，而是需要粉碎并研磨才可完成。

连续使用多台破碎机对矿石进行分段破碎的过程称为多段破碎，矿石需要破碎的阶段数量称为破碎段数。在整个破碎过程中所得的原料粒度与最终破碎产品粒度的比值称为总破碎比。在进行多段破碎时，如果每段的破碎比分别为 i_1、i_2、$\cdots$、i_n，那么它们的总破碎比

$$i_0 = i_1 \cdot i_2 \cdot \cdots \cdot i_n \tag{1-1}$$

总破碎比等于各段破碎比的乘积。如果已知破碎机的破碎比，那么可以根据总破碎比来求得所需的破碎段数。

1.1.3.2 平均粒径

固体物料的原料与其破碎产品是由粒度不同的块状物或颗粒构成的，它们的形状一般是不规则的，粒径也不均匀。为了研究其破碎过程，要选择合适的破碎设备，同时要控制已破碎物料的分级，因此提出了平均粒径的概念，除非另有说

明，以下提及的物料直径均由平均粒径表示。基于每个破碎段或其粒度计算平均粒径，筛分一堆不同粒径的颗粒以计算颗粒的平均粒径。当颗粒通过某个筛网并留在下一个筛网上时，设通过筛子的平均颗粒粒径为 D_a（D_a 为上筛网和下筛网孔径的平均值），则按式（1-2）计算这一堆颗粒的平均粒径：

$$D_a = d_{1a} \cdot G_1 + d_{2a} \cdot G_2 + \cdots + d_{na} \cdot G_n/(G_1 + G_2 + \cdots + G_n) \qquad (1\text{-}2)$$

式中　　　　　D_a——一堆颗粒的平均粒径，mm；

d_{1a}，d_{2a}，$\cdots$，d_{na}——各级颗粒的平均粒径，mm；

G_1，G_2，$\cdots$，G_n——各级颗粒质量，kg。

式（1-2）为算术平均粒径的计算公式，可以用其来表示物料在工业生产中的平均粒径。不过使用算术平均粒径是有前提条件的，具体前提条件就是假设有一堆圆球形的物料和一堆尺寸不同、形状不规则的物料，它们对生产过程中的平均粒径计算具有相同的效果。如果不符合此前提条件，则不能使用该式算术平均粒径，否则会导致严重错误。

1.1.3.3　物料颗粒的粒度测定

由于物料颗粒的形状不规则，可以根据其形状进行颗粒直径的测量，可以采用的方法有显微镜检查、沉降、筛分、离心、光散射、库尔特计数、悬浮颗粒分光光度法等。在粉末工程设计中，通过筛分法测量粒度更方便。物料颗粒的分类见表1-6。

表1-6　物料颗粒的分类

物料颗粒分类	颗粒粒径/mm
粉末状颗粒	≤0.074
细粒颗粒	0.074~3
粗粒颗粒	≥3，<10
块状颗粒	≥12
不规则状颗粒	纤维状及绞索状

粒度分布是根据筛分法测定的同一批固体物料中相同粒级范围的颗粒占总物料质量的百分数，通常以表格的形式出现，该表格称为粒度表格。

将一定质量的物料置于一组筛孔由大而小的筛子上进行筛分，筛得各粒级的质量后，分别计算各粒级的质量占总质量的百分数，即粒级含量（质量分数），通常以 β 表示。常用各粒级的累积含量来表示其粒径组成，累积含量分为粗粒累积和细粒累积[7]。表1-7为某物料的粒度组成。

表 1-7 某物料的粒度组成

粒级/μm	质量 G_n/g	粒级含量 β/%	累积含量/%
31~44	150	10	10
44~62	390	26	36
62~88	435	29	65
88~120	315	21	86
120~175	150	10	96
175~246	60	4	100
共　计	1500	100	

粉碎产品的粒度分布是粉体工程设计中选择粉碎设备时必须了解的数据之一。

筛分的尺寸由筛分方法中的筛孔尺寸表示，并且适合于 0.037~200 mm 的粒度范围。对于较小的筛孔，各国已开发出标准筛，以便于统一规格和测试结果的比较。表 1-8 为美国标准筛与泰勒标准筛的筛孔尺寸对比。

表 1-8 美国标准筛与泰勒标准筛的筛孔尺寸对比

美国标准筛		泰勒标准筛	
筛号或目数	筛孔尺寸/mm	筛号或目数	筛孔尺寸/mm
3	6.35	3	6.680
4	4.76	4	4.699
6	3.36	6	3.327
8	2.38	8	2.362
10	2.0	10	1.651
14	1.41	14	1.168
20	0.84	20	0.833
—	—	28	0.589
30	0.59	—	—
35	0.5	35	0.417
40	0.42	—	—
—	—	48	0.295
60	0.25	—	—
—	—	65	0.208
100	0.149	100	0.147
140	0.105	—	—

美国标准筛		泰勒标准筛	
筛号或目数	筛孔尺寸/mm	筛号或目数	筛孔尺寸/mm
—	—	150	0.104
200	0.074	200	0.074
270	0.053	270	0.053
350	0.044	325	0.043

注：100 号筛子或 100 目筛子表示每英寸（25.4 mm）长度内有 100 个网眼，或者说每平方英寸内有 10000 个网眼，8 号筛子表示每英寸内有 8 个网眼，或者每平方英寸有 64 个网眼。

1.2　物料的性质

1.2.1　固体物料的性质简述

物料的性质对于破碎机和粉磨机的选择非常重要。物料的性质直接影响物料的粉碎效果、粉碎机械的能耗、粉碎产品的粒度特性、粉碎机械主要粉碎零部件（齿板、锤头、衬板等）的磨耗及在粉碎时必须采取的特殊措施等。

固体物料的基本性质有以下几个方面。

（1）几何性质：1）物料颗粒的形状；2）物料颗粒的尺寸；3）物料的比表面积；4）空隙度，即颗粒与颗粒之间空间的大小；5）孔隙度，即颗粒内部空间的大小。

（2）固体物料的物理性质。

1）粉状物料的加工性质。

2）粉状物料的流动性质。探讨物料的流动性、喷流（泻流）性和附着性。

3）物料的摩擦特性。探讨物料的磨损及剥落，物料的内摩擦角，壁面摩擦角对物料加工性能的影响等。

4）固体物料的其他性质。如硬度、颗粒偏析、压缩性、密度、静止角、下落角、分散性、团聚和黏结性、临界湿度及含水量等。

（3）固体物料的化学性质及电性质。

1）固体物料的化学性质包括物料的化学成分、分解性、吸湿性、腐蚀性、可燃性、毒性及爆炸性等。

2）固体物料的电性质包括导电性、磁性及静电特性等。

（4）粉碎物料时应该注意的物理性质。在进行破碎设备的设计时，必须考虑物料的物理性质，包括堆积密度、粒度组成、硬度及最大粒径，还需明确物料是否含有毒性及灰尘是否具有爆炸性，以及粉碎机粉碎腔受待处理物料磨损和腐蚀的程度,此外还应该了解物料的黏结性能。根据上述物料的物理性质及相关性质,可以选择合适的破碎机械。

1.2.2 物料的强度与易碎性

物料粉碎的难易程度称为易碎性,可以用物料的强度来表示。易碎性与物料的强度、硬度、密度、结构、含水量、黏度及是否有裂缝等都有一定的关系。物料的粒度和物料强度的关系很大,如果物料的粒度比较小,则它的宏观和微观裂缝要比大粒度物料的要少些,这样来说其强度也就相对较高。

强度高的物料对外力的抵抗力大,因此难以被粉碎。然而,硬度大的物料不一定难破碎,因此决定破碎难度的因素是物料的强度。

表 1-9 列出了一些比较常见岩石的抗压强度、韧性和易碎性。在实际操作中,通常用物料的硬度来表示其易碎性。

表 1-9 常见岩石的物料性质

类 别	矿石名称	密度/t·m⁻³	抗压强度/μPa	韧性/cm	易碎性系数	
					洛氏法	德氏法
侵入火成岩	花岗岩	2.63	180	9	41.5	4.7
	正长岩	2.71	193	14	38.8	4.0
	闪长岩	2.83	71	17	—	3.1
	辉长岩	2.93	300	14	14.0	3.4
喷出火成岩	流纹岩	2.61	279	18	16.4	3.6
	粗面岩	2.66	180	18	20.7	4.2
	安山岩	2.63	122	18	32.5	3.7
	玄武岩	2.84	338	30	16.7	3.0
硅质沉积岩	砾石	2.64	143	10	—	—
	砂岩	2.48	165	12	58.7	5.4
	页岩	2.66	71	8	—	8.1
钙质沉积岩	石灰石	2.63	125	8	338	5.6
	白云石	2.71	153	8	27.1	5.9
	碳酸钙	2.71	38	8	36.3	17.4
接触变质岩	片麻岩	2.68	171	8	41.1	4.3
	页岩	2.74	—	9	36.5	5.0
	大理石	2.71	98	5	54.2	6.8
	蛇纹石	2.63	309	13	18.5	7.1
	板岩	2.74	157	18	—	4.4
区域变质岩	石英岩	2.68~2.71	165~222	13~19	30.3	3.9

物料的抗压强度、韧性及易碎性的测试方法如下。

1.2.2.1　抗压强度的测定

准备高度和直径分别为 25 mm、50 mm 的圆柱体作为样品，或者选择边长大于或等于 25 mm 的立方体作为样品，在物料的试验机上得出它的抗压强度。每个样品的测量强度是不相等的，可以重复测几次，平均值即为物料的抗压强度。常见物料的抗压强度见表 1-9。

1.2.2.2　韧性的测定

选择高度和直径均为 25 mm 的圆柱体样品，将具有球形端面的柱塞放置到样品的上方，并且使用质量为 2 kg 的样品从一定高度落下以撞击撞针。通过不断增加样品的冲击高度来增加它的冲击能量，样品每次增加的高度都为 1 cm。这样把样品刚开始破碎的冲击高度 $H(\text{cm})$ 称为物料的韧性。

1.2.2.3　易碎性系数的测定

（1）洛氏易碎性系数测试方法即洛杉矶（Los Angeles）转鼓系数的测试方法。将 5000 g 左右具有适当粒度特性的干试样放置在一个缓慢旋转的圆筒中。圆筒的转速设为 20~33 r/min，共计旋转 500 r。然后取出样品并在 10 目美国标准筛（筛孔尺寸为 1.68 mm）上进行筛分。设试样质量为 $A(\text{g})$，筛上产品经冲洗与干燥后测得的质量为 $B(\text{g})$，则

$$\text{转鼓系数（易碎性系数）} = \frac{A-B}{A} \times 100\% \tag{1-3}$$

（2）德氏易碎性系数测定方法即德瓦尔（Deval）转鼓系数测定方法。将质量为 A（5000 g 左右，约 50 粒）的试样置于倾斜圆筒内，使圆筒轴线倾斜 30°，圆筒每转 1 r，物料两次从一端抛向另一端，颗粒与颗粒之间因摩擦而产生粉末。让倾斜圆筒共旋转 10000 r。然后以与（1）所描述的测试类似的方式取出样品，并在 10 目美国标准筛（筛孔尺寸为 1.68 mm）上进行筛分，使筛下产品质量的为 $B(\text{g})$，则

$$\text{转鼓系数（易碎性系数）} = \frac{B}{A} \times 100\% \tag{1-4}$$

易碎性系数可以用来表示物料的易碎性。用专用的工具进行试验可以得到易碎性，在具体的粉碎机中则可以得到易碎性系数，见表 1-10。物料的单纯静态抗压强度并不能代表物料磨碎受到的阻力，所以可以通过可磨性测试来确定磨碎物料的可磨性系数。可磨性系数高则表示物料容易磨碎，可磨性系数低则表示物料不容易磨碎。

表 1-10 易碎性系数 K_1

矿石的硬度	抗压强度/MPa	颚式破碎机		旋回破碎机	
		普氏硬度	K_1	普氏硬度	K_1
超坚硬	>201	—	—	>21	0.66~0.76
坚硬	151~201	16~20	0.9~0.95	15~20	0.8~0.9
中硬	51~151	8~16	1.0	5~15	1.0
低硬（软）	<51	<8	1.1~1.2	1~5	1.15~1.25
				<1	1.3~1.4

　　按莫氏硬度分类，矿物的硬度可分为 10 级。各种物料的莫氏硬度见表 1-11，各种矿石的硬度分类见表 1-12，各种硬度的对应关系见表 1-13。

表 1-11 各种物料的莫氏硬度

莫氏硬度（等级）	矿 物 名 称
1	滑石
2	石膏
3	方解石
4	萤石
5	磷灰石
6	长石
7	石英
8	黄水晶
9	刚玉
10	金刚石

表 1-12 各种矿石的硬度分类

最坚硬矿石	坚硬矿石	中硬矿石	低硬（软）矿石
铁燧岩	花岗岩	石灰石	石棉矿
花岗岩	石英岩	白云石	石膏矿
花岗岩砾石	铁矿石	砂岩	板石
暗色岩	暗色岩	泥灰石	软质石膏石
刚玉	砾石	岩盐	烟煤
碳化硅	玄武岩	含有石块的黏土	褐煤
石英岩	斑麻岩		黏土
硬质熟料	辉绿岩		

续表 1-12

最坚硬矿石	坚硬矿石	中硬矿石	低硬（软）矿石
烧结镁砂	辉长岩		
	金属矿石		
	矿渣		
	电石		

表 1-13　各种硬度的对应关系

莫氏硬度	布氏硬度	维氏硬度	洛氏硬度	肖氏硬度
5	285	300	28.5	42
6	524	609	56.0	73
7	620	800	63.3	86
8	—	1150	—	—

1.3　粉碎机械的选型

1.3.1　粉碎机械的分类及适用范围

1.3.1.1　粉碎物料的方法

粉碎机械的类型有许多，但施加力的方法也有许多，物料可以通过粉碎机械不同的施力方式，如冲击、剪切、挤压及研磨而得以粉碎。而在粉碎机械中，施力情况很复杂，经常是几种施力同时起作用。但是如果是同一台粉碎机械，通常就只有一种或两种施力。

因为物料颗粒的形状是不规则的，可以通过施加机械力的方法来粉碎物料。

（1）压碎。可以先把物料放置于两块工作面的中间，然后对物料施加压力，当压应力达到或超过物料的抗压强度时，物料就会被破碎，这种方法称为压碎。

（2）劈碎。把物料压在锋利的工作面上，然后在物料平坦的工作面上进行挤压，物料就有可能在压力作用的方向上被劈裂。物料的拉伸强度极限小于它的抗压强度极限。

1.3.1.2　破碎机械的类型

根据构造和工作原理的不同，常用的破碎机械可分为以下几种类型。

（1）颚式破碎机。其工作原理是依靠活动颚板做周期往复运动破碎进入两颚板间的物料。

（2）锤式破碎机。其工作原理是物料旋转很快的环锤冲击或物料自身以很高的速度向机器的内衬板冲击而被粉碎。

（3）圆锥破碎机（也称旋回破碎机）。其工作原理是依靠内锥体偏心旋转，让处于破碎腔内两锥体之间的物料因为弯曲或挤压而被破碎。

1.3.2　物料的含水量及腐蚀性

1.3.2.1　物料的含水量

物料表面的含水量对粉碎有影响。如果物料不仅含水量高，而且在采矿和转运过程中带来较多的泥浆，那么物料在储存、皮带输送及破碎等生产过程中会粘连和堵塞，造成事故，所以要严格控制带破碎物料的含水量。特别是在物料的破碎操作中必须规定最大含水量（取决于物料类别）。通常，物料的含水量限制在小于10%，如果物料含水量过高，并且已影响物料的储存、皮带输送及粉碎时，应当采用如下生产工艺。

（1）利用粉碎与干燥联合的生产装置。典型的例子是粉磨磷矿石时采用的风扫磨流程及粉碎煤粉的风扇磨流程，都是往粉碎机中通入热风以除去多余水分。可使用热风的粉碎机有锤碎机、球磨机、风扇磨和盘磨机。

（2）热风的作用：一方面是干燥物料；另一方面是从机体内除去干燥的已粉碎的物料（产品）。由于已粉碎物料的比表面积会增加，因此物料在机体内呈悬浮状态，颗粒的表面会暴露，干燥效果会比较好。产品水分可根据工艺要求降低至1%以下。

1.3.2.2　物料的腐蚀性

物料的腐蚀性是物料对粉碎设备配件（颚板、板锤、冲击板、钢球及衬板等）的磨损程度，物料腐蚀性的大小会影响粉碎设备配件的磨损量及使用寿命。

除物料自身性质外，粉碎设备配件的磨损大小还与施力种类、操作方法、粉碎设备配件的材质和热处理形式及粉碎机的设计参数等有关。

当前有几种方法可以对腐蚀性进行测试，但尚没有统一的标准。依据不同方法测出的腐蚀性，只能近似给出粉碎设备配件的磨损程度，所以在选择粉碎机及其操作参数时只能作为参考。腐蚀测试还可用于比较由不同材质制成的粉碎设备配件的相对耐磨性，以及用于估计粉碎设备配件的使用寿命。在进行腐蚀性测试时，需要对多种材质的粉碎设备配件（如叶片）进行测试。

由于物料中 SO_2 的含量与物料的腐蚀性密切相关，因此在某些情况下选择粉碎机及其操作参数时仅由待破碎物料的 SiO_2 含量确定。

目前测试物料腐蚀性的装置有邦德叶片腐蚀性测定装置、洪堡威达公司腐蚀性试验机及 Yancy-Geer-Priec 腐蚀性试验装置等。

2 颚式破碎机概述

2.1 颚式破碎机的类型与应用

第一台颚式破碎机是由美国人布莱克于 1858 年发明的，随着科技的不断进步，其结构得到了不断完善。

颚式破碎机最基本的机型有两种，即简摆颚式破碎机和复摆颚式破碎机。图 2-1 所示为简摆颚式破碎机，其工作原理是：电动机 8 驱动皮带 7 和皮带轮 5，通过偏心轴 6 使连杆 11 上下运动；当连杆上升时，后肘板 10 与前肘板 12 之间的夹角变大，从而推动动颚板 3 (也称动颚) 向固定颚板 (也称固定颚) 1 靠近，进而压缩物料 2；当连杆下行时，前后肘板之间的夹角变小，动颚在拉杆弹簧 9 的作用下离开固定颚，此时被压碎的物料从破碎腔排出。随着电动机的连续转动，破碎机动颚做周期性的往复运动压碎物料。这种破碎机在工作时由于其动颚一直绕悬挂点做简单的摆动，因此被称为简摆颚式破碎机。该机的破碎机构是曲柄双摇杆机构，动颚绕悬挂轴摆动的轨迹为圆弧。

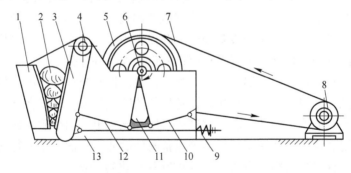

图 2-1　简摆颚式破碎机示意图

1—固定颚板；2—物料；3—动颚板；4—动颚悬挂轴；5—皮带轮；6—偏心轴；7—皮带；
8—电动机；9—拉杆弹簧；10—后肘板；11—连杆；12—前肘板；13—机架

将简摆破碎机的动颚悬挂轴去掉，并将动颚悬挂在偏心轴上，同时去掉前肘板和连杆，便构成复摆颚式破碎机，如图 2-2 所示。由于该机动颚绕偏心轴转动的同时，还绕同一中心做摆动，构成一种复杂的运动，故称为复摆颚式破碎机。该机的破碎机构是曲柄连杆机构，动颚运动轨迹为连杆曲线，视为椭圆。

简摆颚式破碎机和复摆颚式破碎机比较，前者的优点是动颚垂直行程较小，因而使衬板磨损轻；在工作时，连杆施以较小的力就可以使肘板产生很大的推力。前者的缺点是结构较复杂又比较重，比同规格的破碎机重 20% ~ 30%；还有它的动颚运动轨迹不理想，其上部水平行程较小而下部水平行程较大，破碎腔中物料的分布也不均匀，上腔内料块较大而下腔内料块较小，大块要求有较大的压碎行程而小块刚好相反，若满足大块物料要求，则排料口水平行程又偏大，不能保证产品粒度。此外，动颚在压碎物料的过程中，会阻碍排料。因此，在相同条件下，前者比后者生产率低 30%左右。

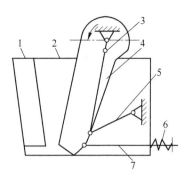

图 2-2　复摆颚式破碎机示意图
1—固定颚；2—动颚；3—偏心轴（曲柄）；
4—连杆；5—肘板（摇杆）；
6—弹簧；7—拉杆

随着滚动轴承质量和耐磨材料耐磨性的提高，以及采用现代设计方法减轻衬板的磨损等，复摆颚式破碎机基本替代了简摆颚式破碎机。目前，国内最大规格的颚式破碎机有 1500×2100 型复摆颚式破碎机，国外较大规格的颚式破碎机有1800×2100 型和 2000×3000 型复摆颚式破碎机。

由于颚式破碎机结构简单，制造容易，工作可靠，使用维修方便，所以在冶金、矿山、建材、化工、煤炭等行业得到广泛应用。

2.2　颚式破碎机动颚的运动轨迹

复摆颚式破碎机上使用的平面连杆机构，是一种曲柄摇杆机构。因此，它的动颚运动轨迹是连杆轨迹。

2.2.1　描绘动颚运动轨迹的方法

描绘动颚运动轨迹的方法有两种：作图法和解析法。

2.2.1.1　作图法

图 2-3 中 O_1A_0 为曲柄，A_0B_0 为连杆，O_2B_0 为肘板，O_1O_2 为机架。动颚上 C_0 和 D_0 两点的运动轨迹如下。

将曲柄 O_1A_0 的运动轨迹按圆周等分为若干等份，并按其旋转方向标出序号 A_0、A_1、A_2、…，肘板上 B_0 点的轨迹是以 O_2 为圆心、O_2B_0 为半径的圆弧 $\overparen{mm}$；在运动过程中 A_0B_0 的长度不变，因此 A_0B_0 上 B_0 点的轨迹也是以 A_0B_0 为半径，分别以 A_0、A_1、A_2、…点为圆心，作弧与圆弧 $\overparen{mm}$ 分别交于 B_0、B_1、…，即得 B_0 点的轨迹。

连接 A_0C_0 和 C_0B_0 线构成 $\triangle A_0C_0B_0$，在曲柄旋转的过程中，三角形各边长度不变，只要找出动颚的各个位置，即 C_0 点的位置 C_0、C_1、…，把各点按照运动的连续性描绘成光滑的曲线，即得 C_0 点的轨迹。D_0 点的运动轨迹可用上述同样方法绘出。

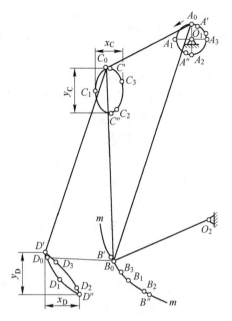

特别应该指出的是肘板最上和最下位置 B'、B'' 点的作法。B' 点是动颚 $A'B'$ 运动到与曲柄 O_1A' 完全重合时的位置，因此以 O_1 为圆心，以 $A_0B_0 - A_0O_1$ 为半径作弧，其与 $\overparen{mm}$ 的交点即 B' 点。B'' 点是 $A''B''$ 位于曲柄 O_1A'' 的延长线上的位置，因此以 O_1 为圆心，以 $O_1A_0 + A_0B_0$ 为半径作弧，其与 $\overparen{mm}$ 的交点即 B'' 点。根据 B'、B'' 的位置即可求出 C_0、D_0 点相应的位置 C'、C'' 及 D'、D'' 等。

图 2-3   用作图法描绘的动颚运动轨迹图

图 2-3 中 y_C 和 y_D 分别为动颚给料口和排料口的垂直行程，而 x_C 和 x_D 分别为动颚给料口和排料口的水平行程。标志动颚运动特性的行程比也称特性值，其值为 $i_C = y_C/x_C$，$i_D = y_D/x_D$。

2.2.1.2   解析法

解析法就是对平面连杆机构进行位置分析，并借助计算机进行求解。

2.2.2   对运动轨迹的分析

对于破碎物料，动颚的水平行程越大越好，最好从排料口向给料口逐渐加大；对于减少衬板磨损，动颚的垂直行程越小越好，且动颚的垂直行程小有助于排料。这样的运动轨迹，不仅能提高生产率，而且可以大大减少衬板的磨损。

复摆颚式破碎机动颚的运动特性基本能满足上述要求。例如，复摆颚式破碎机动颚的水平行程较大，而且是从排料口向给料口逐渐加大的，因此有利于破碎物料；此外，动颚的运动方向有促进排料的作用，故比简摆颚式破碎机的生产率高。但是，复摆颚式破碎机的垂直行程较大，即行程比较大，所以衬板磨损较快，降低了衬板的使用寿命。

2.3   颚式破碎机的发展

我国从 20 世纪 50 年代开始生产颚式破碎机，现今研制生产的颚式破碎机品种多，性能好，机型也越来越大，在国际上受到好评。国内自仿制颚式破碎机以来，科研人员经过长时间的摸索和研究，优化设计方法，完善设计资料，设计出的颚式破碎机的结构更趋合理，性能也更优良。

保证颚式破碎机具有最佳性能的根本因素是动颚有最佳的运动特性，而这个特性又是借助结构优化设计得到的。颚式破碎机机架占整机质量的比例很大（铸造机架占50%，焊接机架占30%）。国外颚式破碎机都是焊接机架，甚至动颚也采用焊接结构。颚式破碎机采用焊接机架是未来发展方向。国内颚式破碎机机架结构设计不合理的实例有许多，其原因就是未按破碎机的实际受力情况去布置加强筋。动颚结构设计也应以动颚受力为依据，在满足强度、刚度要求的条件下，尽量减轻质量。现在颚式破碎机参数的确定、破碎腔的设计、破碎机的动平衡等都可以借助计算进行优化。因此，颚式破碎机的结构优化设计是保证破碎机有最佳性能的根本方法。

随着技术的不断发展和社会各方面需求的增加，颚式破碎机的研究方向主要集中在降低能耗、优化参数和增大电动机的功率等方面。

同时，信息技术、传感技术、控制技术、电子科技的飞速发展，以及新材料、新工艺、润滑和液压等机械技术的同步发展，促进了颚式破碎机的机电一体化、自动化和智能化发展。对原有的颚式破碎机机型进行改进、创新，使新生产的颚式破碎机既能满足生产的需要，又能适应时代的要求，既高效节能又绿色环保，是近年来国内外颚式破碎机发展的方向。

3 颚式破碎机机型与性能

颚式破碎机依据进料口尺寸大小可划分为大、中、小 3 种型号。进料口尺寸大于 600 mm×900 mm 的机型为大型颚式破碎机，小于 600 mm×900 mm 的机型为小型颚式破碎机。不论型号大小，颚式破碎机基本上都由机架、动颚、肘板、肘板座的调整机构、动颚拉紧装置和传动装置等组成。

3.1 小型颚式破碎机

3.1.1 PEX150×500 型颚式破碎机

PEX150×500 型颚式破碎机的剖面图如图 3-1 所示。该破碎机的工作机构是一个非常典型的曲柄摇杆机构，其动颚悬挂在偏心轴上，而偏心轴由电动机驱动，动颚随偏心轴做往复摆动。动颚板通过螺栓固定在动颚上，定颚板固定不动。动颚板和定颚板及左右护板形成了破碎机的破碎腔，物料的破碎在破碎腔内进行。颚式破碎机的破碎原理很简单，即当动颚板靠近定颚板时，物料在二者的挤压作用下破碎，粒度减小，而当动颚板远离定额板时，已破碎的物料在重力作用下落至料仓。飞轮主要用作蓄能，颚板横断面的形状通常是齿形。不仅如此，该机空负荷工作时几乎听不到振动的声音，说明该破碎机的稳定性好。此外，该机采用零悬挂。

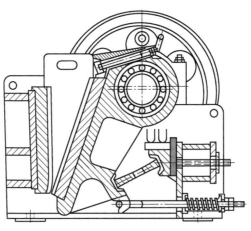

图 3-1　PEX150×500 型颚式破碎机剖面图

3.1.2　PEF400×600 型大破碎比颚式破碎机

PEF400×600 型大破碎比颚式破碎机剖面图如图 3-2 所示。该机的破碎比比目前已有颚式破碎机的破碎比大很多，可达 17。其主要技术经济指标优于同规格破碎机。这种大破碎比破碎机是国内首创，它为开发大型大破碎比颚式破碎机开辟了一条新路。

该机动颚采用负悬挂。由于动颚悬挂高度降低，可用较小的偏心距得到较大的动颚行程，因此既能提高产量又能降低能耗，还能减小动颚行程比和减少衬板磨损。此外，由于动颚结构紧凑，质量轻，重心距回转中心的距离小，产生的惯性力较小，因此该破碎机易启动。该机在运转时振动和噪声也显著降低，机器的稳定性较好。

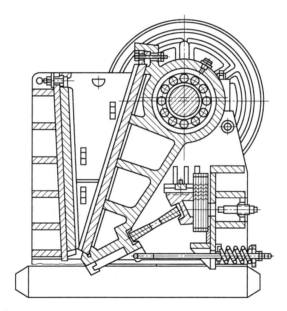

图 3-2　PEF400×600 型大破碎比颚式破碎机剖面图

3.2　PE600×900 型颚式破碎机

图 3-3 所示为 PE600×900 型颚式破碎机剖面图，该机动颚为正悬挂。这种破碎机是在老式 600×900 型颚式破碎机基础上改进设计而成的，设计的要求是提高产量和降低机重。首先采用机构优化设计使该破碎机有最佳的动颚运动特性，这样不仅能保证该破碎机的产量提高 35%左右，而且可以延长衬板的使用寿命，总质量也由原机的 15.5 t 降至约 14 t。在结构方面，首先将肘座后水平方向布置改

为沿着肘板方向倾斜布置，这样减少了肘板在机架垂直方向的分力，使肘座导轨受力得到改善；其次将肘板座后板设计成受压的杆件而不是梁，从而提高它的强度，减轻质量。国产颚式破碎机的质量普遍比国外同规格破碎机的质量大得多，其中重要原因是材质和工艺，其他原因也值得研究和探讨，如动颚、机架结构不合理和飞轮过重等。

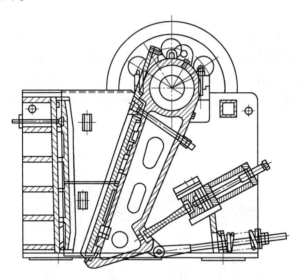

图 3-3　PE600×900 型颚式破碎机剖面图

3.3　PE1200×1500 型颚式破碎机

图 3-4 所示为 PE1200×1500 型颚式破碎机剖面图，该机机架为组合式焊接结构，即侧壁为两块平板，前墙是焊接的组合件。前墙板与大块横筋板焊在一起后，在两端焊有附加壁板。壁板上开有 4 个方形键与两侧壁板上的 4 个方形键槽对准，4 个方形键将侧壁与前墙组合件连接在一起，然后再用横向螺栓固定。后墙组合件也是用同样方法与两侧壁连接在一起，组成 1 个长方形机架。这种机架称为组合式机架，实际上是由 4 个"大扇"连成了一体。这种机架便于安装和运输，但加工量较大，且会增加机重。其次是动颚，它是由铸造圆筒（动颚头部）、焊在机身的筋板、与动颚齿板相贴的盖板及下部由 1 根圆钢制成的动颚上的肘座构成的。在机架两侧壁装有整体轴承座，它与侧壁上的半圆孔相配合，轴承座下边用螺栓固定在机架侧壁上。在后肘座的上边安装 1 个带有 3 个螺栓的斜铁，用它来填补肘座与轨槽之间的间隙，以避免破碎物料时产生附加冲击负荷。在动颚中部偏上位置有 1 个椭圆孔，在此孔中间装 1 根支撑两侧壁的螺栓，以增强机架横向刚性。

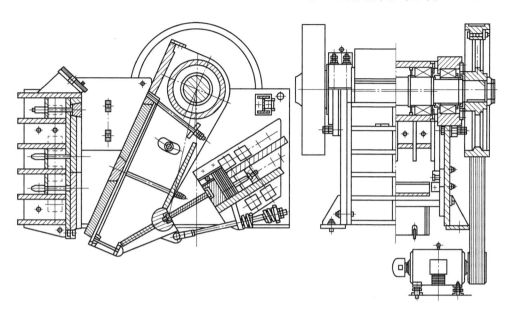

图 3-4 PE1200×1500 型颚式破碎机剖面图

3.4 大传动角颚式破碎机

3.4.1 上置式复摆颚式破碎机

图 3-5 所示为上置式（也称负支承）复摆颚式破碎机剖面图。国内外都有生产这种破碎机。该机与传统复摆颚式破碎机相比，特点是它的传动角大于 90°，因此它的肘板是向上倾斜放置的，故称为上置式复摆颚式破碎机。由于该机的传动角很大，使其动颚的运动特性得到了改善，因此该机的生产率可以提高约20%，并且可以减少衬板磨损和保证产品粒度。此外，该机的动颚有利于咬住大块物料，因此可以增大破碎比。

3.4.2 倾斜式颚式破碎机

美国鹰破碎机公司（Eagle Crusher Co.）生产了倾斜式颚式破碎机，如图 3-6 所示，这种颚式破碎机结构新颖，肘板支持在动颚顶部，而动颚通过两侧板与动颚轴承孔连为一体，其中装有偏心轴。这样，当偏心轴旋转时，驱动动颚以比较理想的轨迹运动，从而可以减少衬板的磨损。动颚的运动有利于装料。

固定颚上部悬挂在偏心轴上，下部由压杆支承并由弹簧拉紧。排料的大小通过调整压杆后部垫片来调节。

这种破碎机转速较高，与同规格破碎机相比，有较高的产量和较大的破碎比。

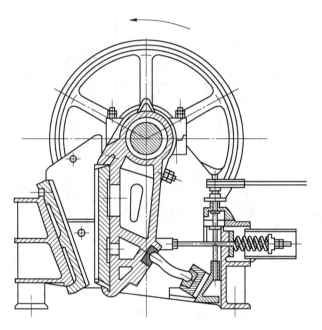

图 3-5 上置式复摆颚式破碎机剖面图

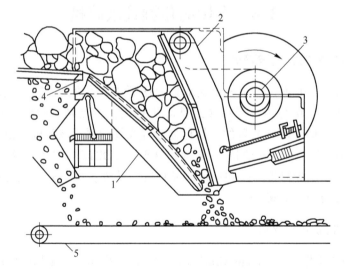

图 3-6 倾斜式颚式破碎机

1—动颚；2—固定颚；3—偏心轴；4—给料筛板；5—皮带机

3.5 颚式破碎机的机型与性能分析

20 世纪 50 年代后，联邦德国和苏联都曾研制过液压驱动的颚式破碎机。其特点是可以通过提高动颚摆动的次数来增加产量，同时可以通过液压调整排料口大小、进行过载保护及带负荷启动。

联邦德国还制造过冲击式颚式破碎机，而苏联也曾制造过振动颚式破碎机（也称惯性颚式破碎机）。这两种破碎机都靠动颚振动冲击破碎物料，以提高破碎机性能。前者在我国曾经试制过，由于某些原因没能继续研制。民主德国曾制造过一种简摆双腔颚式破碎机，美国也曾生产过复摆双腔颚式破碎机。

我国从20世纪50年代开始引进和生产颚式破碎机，经过多年的发展，取得了一些研究成果，但是和国际先进设备相比，技术上还存在很大差距。基于此，国内某些设计院联合相关企业研制和生产了几种异型颚式破碎机。

北京某设计院和湖南某大学都曾与工厂合作研制了双腔颚式破碎机，其特点是使间歇工作变成连续了工作，提高了破碎机的工作效率。

辽宁某学院与矿山也合作开发了双动颚式破碎机，这种破碎机是将两个颚式破碎机去掉各自的固定颚对置后而成，为了使剩下的两动颚可以同步运转，在偏心轴的一端增设了一对开式齿轮。由于它的结构太复杂，近年又研制了一种单轴倒悬挂的双动颚破碎机。上海某学院曾研制过此种颚式破碎机。上述两种双动颚式破碎机的特点是，其动颚同步运转，使破碎机强制排料。这样可以靠提高转速增加破碎机产量，同时由于物料与动颚没有相对运动，因此减少衬板的磨损从而延长衬板的使用寿命。近年来又有科研院所研制出了单动颚倒悬挂颚式破碎机。

20世纪50年代，美国、英国、联邦德国相继生产了Kue-Ken简摆颚式破碎机，该机的特点是，动颚悬挂高度很高并且前倾，连杆下行的距离为工作行程，主轴承为半圆滑动动颚轴承。山东某机械厂曾引进了这种破碎机，并在此基础上研制出了JC系列颚式破碎机。

国外曾制造过一种肘板向上放置的颚式破碎机，国内有几家设计院和制造厂也生产过这种颚式破碎机，它的特点是靠增大传动角改善动颚的运动特性，以提升破碎机的性能。在国内该机又称负支撑、上斜式、上推式或上置式颚式破碎机。

以上几种异型颚式破碎机的研制都取得了一定的效果，并对国内颚式破碎机行业的发展起到了一定的推动作用，但是多数没能得到大面积的推广使用。国内绝大多数破碎机制造厂生产的是传统复摆颚式破碎机。此外，简摆颚式破碎机也将逐渐被复摆颚式破碎机所替代。

表3-1所示为各规格颚式破碎机的主要技术参数，表3-2所示为《YX3系列（IP55）高效率三相异步电动机技术条件（机座号80-355）》（GB/T 22722—2008）中颚式破碎机的基本参数。

表 3-1　复摆颚式破碎机的主要技术参数

型　号	最大给料粒度 /mm	排料口尺寸 /mm	处理能力 /t·kW⁻¹	电动机功率 /kW	质量（不包括电机）/t	外形尺寸（长×宽×高）/mm×mm×mm
PE250×400	210	20~60	6~25	15	2.5	1616×1033×1140
PE400×600	350	40~100	22~75	30	5.5	1630×1600×1580
PE500×750	425	50~100	43~110	55	9.2	1948×1865×1948
PE600×900	500	65~160	67~168	75	14	1840×2360×2240
PE750×1060	630	80~140	110~200	110	27.5	2470×2450×2840
PE1200×1500	1020	150~300	432~864	200	82	3340×4320×3750
PE1500×2100①	1200	220~350	790~1000	250	133	4200×4850×4550
PEX150×500	120	10~40	7.5~30	10	1.340	1216×960×860
PEX150×750	120	10~40	9.5~45	15	2.4	1490×1100×920
PEX250×750	210	25~60	17~48	22	5	1660×1520×1330
PEX300×1300	250	20~90	20~130	75	11	2320×1760×1724
PEX400×600	350	20~80	32~64	37	7.8	1850×1500×1550

①设计数据。

表 3-2　颚式破碎机的基本参数

参　数			单位	型　号			
				PE150×250	PE250×400	PE400×600	PE500×750
给料口尺寸	宽度	公称尺寸		150	250	400	500
		极限偏差		±10	±10	±20	±25
	长度	公称尺寸		250	400	600	750
		极限偏差	mm	±15	±20	±30	±35
最大给料粒度				130	210	340	425
开边排料口宽度		公称尺寸		30	40	60	75
		调整范围		≥±15	≥±20	≥±25	≥±25
处理能力			m³/h	≥3.0	≥7.5	≥15.0	≥40.0
电机功率			kW	≤7.5	≤18.5	≤45.0	≤75.0
质量（不包括电机）			kg	≤1500	≤3000	≤7000	≤15000

参　数			单位	型　号			
				PE600×900	PE750×1060	PE900×1200	PE1200×1500
给料口尺寸	宽度	公称尺寸	mm	600	750	900	1200
		极限偏差		±30	±35	±45	±60
	长度	公称尺寸		900	1060	1200	1500
		极限偏差		±45	±55	±60	±75
最大给料粒度				500	630	750	950
开边排料口宽度		公称尺寸		100	110	130	220
		调整范围		≥±25	≥±30	≥±35	≥±60
处理能力			m³/h	≥60.0	≥110.0	≥180.0	≥260.0
电机功率			kW	≤90.0	≤110.0	≤132.0	≤200.0
质量（不包括电机）			kg	≤21000	≤33000	≤55000	≤95000

表 3-1 和表 3-2 需要注意以下两方面。

（1）处理能力和最大给料粒度的确定以下列条件为依据：

1）待破碎物料的松散密度为 1.6 t/m³，抗压强度为 150 MPa；

2）颚板为新颚板，排料口宽度为公称尺寸；

3）工作情况为连续进料。

（2）表 3-1 所列规格型号可根据市场和用户要求进行调整，排料口尺寸、处理能力等基本参数以设计文件为准。

4 颚式破碎机的主参数

颚式破碎机的主参数包括转速、生产能力、破碎力和功耗等，其中生产能力、破碎力、功耗除与待破碎物料的物理性质、力学性质及机器的结构和尺寸有关外，还与实际生产时的外部条件（如装料块度及装料方式等）有关。本章推荐的公式都是通过一定数量的测试而得到的。

4.1 主 轴 转 速

颚式破碎机的排料示意图如图 4-1 所示，b 为公称排料口宽度，s_L 为动颚下端点水平行程，α_L 为排料层的平均啮角，ABB_1A_1 为破碎腔内物料的压缩破碎棱柱体，ABB_2A_2 为排料棱柱体。破碎机的主轴转速 n 是根据在一个运动循环的排料时间内，压缩破碎棱柱体的上层面（AA_1）按自由落体下落至破碎腔外的高度 h 计算确定的。而该排料层高度 h 与下端点水平行程 s_L 及排料层啮角 α_L 有关。即可以用物料从上层面（AA_1）降至下层面（BB_1）所需的时间来计算主轴的转速。对于排料时间有不同的意见：一种认为排料时间 t 应考虑破碎机构的急回特性，即排料时间与破碎机构的行程速比系数有关，这一观点未注意到动颚下端点排料起始点与终止点并不一定与破碎机构的两极限位置相对应；另一种认为排料时间 t 应按 $t = 15/n$ 计算，即排料时间对应于主轴的 1/4r，这

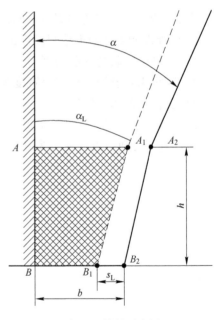

图 4-1 排料示意图

种假定与实际情况相差甚大。根据实测结果分析破碎过程，得到排料过程对应的曲柄转角不小于 180° 的结论，认为排料时间按主轴半转计算比较符合实际情况，即

$$t = 30/n \qquad (4\text{-}1)$$

排料层的物料全部排出时物料下落的高度

$$h = s_L/\tan\alpha_L \tag{4-2}$$

由

$$h = \frac{1}{2}gt^2 \tag{4-3}$$

$$g = 9800 \text{ mm/s}^2 \tag{4-4}$$

将式 (4-2)~式 (4-4) 代入式 (4-1)，得

$$n = 2100q\sqrt{\frac{\tan\alpha}{s_L}} \tag{4-5}$$

式中　n——主轴转速，r/min；

　　s_L——动颚下端点水平行程，mm；

　　α_L——排料层啮角，(°)；

　　q——在功耗允许情况下的转速的增减系数，取 $q = 0.95 \sim 1.05$，高硬度矿石取小值。

由式 (4-5) 可见，主轴转速与排料层啮角 α_L 和动颚下端点水平行程 s_L 有关，该式是破碎机构设计和机型选择的重要公式之一。

4.2　生　产　能　力

破碎机的生产能力是指机器每小时所处理物料的体积。由于生产能力不但与排料口宽度有关，而且与待破碎物料的强度、韧性及进料的几何尺寸和块度分布有关。为衡量机器生产能力的高低，统一标准中的生产能力，将机器在公称排料口宽度下，每小时处理的抗压强度为 250 MPa、松散密度为 1.6 t/m³ 的花岗岩物料的体积，定义为公称生产能力，单位为 m³/h。

参见图 4-1，在公称排料口为 b 时，将每个运动循环的排料行程下排出的物料棱柱体 AA_1B_1B 的体积与主轴转速 $60n$ 相乘，可得到公称生产能力 Q 的计算公式，即

$$Q = \frac{30nLs_L(2b - s_L)\mu_1}{\tan\alpha_L} \tag{4-6}$$

式中　Q——生产能力，m³/h；

　　n——主轴转速，r/min；

　　L——破碎腔长度，m；

　　b——公称排料口宽度，m；

　　s_L——动颚下端点的水平行程，m；

　　α_L——排料层啮角，(°)；

μ_1——压缩破碎棱柱体的填充度，中小型机在公称排料口下一般取 $\mu_1 =$ 0.65~0.75。

4.3   影响生产能力的因素

通过对影响生产能力各因素的分析，可寻求提高生产能力的途径。由式 (4-6) 可知，由于进料口长度和公称排料口宽度为常值，因此影响生产能力的参数只有 s_L、α_L、n、μ_1。

(1) 适当增大 s_L 是提高生产能力的关键。将式 (4-6) 改写为：

$$Q = 30nLs_L^2\left(\frac{2b}{s_L} - 1\right)\mu_1/\tan\alpha_L \qquad (4-7)$$

由式 (4-7) 可以看出，当动颚下端点水平行程 s_L 增大时，生产能力 Q 明显增大。而当 s_L 过大时，将会使排料层物料产生过压实现象，并会增大产品粒度的离散性，甚至会出现在最小排料口下动颚与固定颚的干涉现象，这是应该避免的。

(2) 减小排料层啮角 α_L 能提高生产能力。由式 (4-6) 可知，减小排料层啮角 α_L 可以提高生产能力，这是因为这样可以促进充分破碎。当采用直线型腔时，破碎腔啮角 α 与排料层啮角 α_L 相等，要减小 α_L 以提高生产能力，在要求的破碎比下必须增大机高。如果将下端部设计成曲线腔形，就可以在不增大机高的情况下减小下端部啮角，以便有效地提高生产能力。可见下端部采用曲线腔形是不用增大机重就能提高生产能力的有效措施。

(3) s_L、α_L、n 三参数相匹配。由式 (4-6) 可知，增大转速 n 可以提高生产能力，但人为地加大主轴转速，将会使一部分已破碎的物料在尚未被排出时，又重新被破碎而在腔内出现堵塞现象，影响生产能力的进一步提高。因此应按式 (4-5) 使 n、s_L、α_L 三参数相匹配，才能保证排料层物料被充分破碎并全部排出。在这种匹配情况下，虽然提高转速可以增大生产能力，但也会使功耗增大；另外，由式 (4-5) 可知，当增大转速时，与其匹配的行程 s_L 必会减小，又会导致生产能力下降。因此，采用高转速、小行程，还是采用低转速、大行程，也是一个待优化的问题。最优方案应该按额定功率要求，在保证机器达到最大生产能力的前提下确定 n、s_L、α_L 三参数的最佳匹配。

4.4   破 碎 力

机器中机构的受力，决定于外载荷的性质、大小和作用位置，而颚式破碎机的外载荷就是破碎力。破碎力是设计颚式破碎机的主要原始数据。破碎力计算的正确与否直接影响破碎机零部件的强度和刚度，关系到破碎机的可靠性和使用寿命等。

4.4.1 破碎力的性质

对 1500×2100 型简摆颚式破碎机进行测试，测得的连杆载荷情况如图 4-2 所示。从图 4-2 可以看出，破碎机每转一转，其连杆上的力由零变到最大，再由最大变到零，并且最大力发生在偏心轴转 180°时。

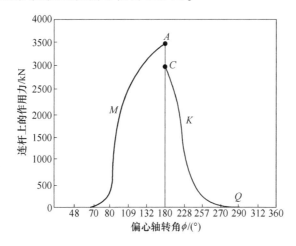

图 4-2　破碎机连杆载荷图

当偏心轴的转角 ϕ 大于 180°时，各杆件中的摩擦力要改变方向，因而使得曲线 CKQ 中 C 点的纵坐标突然降低。这样，对应连杆受力的变化规律，在偏心轴转一转的时间内，动颚上的破碎力也是从零变到最大，再从最大变到零。最大破碎力发生在偏心轴的转角为 180°。

用 250×900 型复摆颚式破碎机破碎抗压强度极限为 200 MPa 的石英的过程进行测试，并以数字统计法和或然率理论分析测试结果，按 300 个循环制成图 4-3 所示的各种曲线。图 4-3 中曲线 2、3 和 4 分别为破碎腔下部、中部和上部的破碎力随偏心轴转角的变化规律，曲线 1 为总破碎力随偏心轴转角的变化规律，曲线 5 为偏心轴上扭矩的变化规律。

从图 4-3 可以看出，作用在破碎腔衬板上的破碎力也是从零变到最大，再从最大变到零，并且最大值发生在偏心轴的转角为 160°时；破碎力沿破碎腔的高度的变化规律是从进料口向排料口方向不断变大，如图 4-3 中曲线 4、3 和 2 所示；偏心轴的扭矩最大值提前于最大破碎力一个角度。

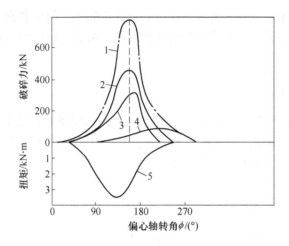

图 4-3　破碎机破碎腔载荷图

1—总破碎力；2~4—破碎腔下部、中部、上部的破碎力；5—偏心轴扭矩

　　结论：颚式破碎机在一个工作循环中，破碎力的变化规律是由零变到最大，再由最大变到零，故可将其看作脉动循环载荷；并且最大破碎力，对于简摆颚式破碎机，发生在偏心轴转角为 180° 时；而对复摆颚式破碎机，则发生在偏心轴转角为 160° 时。

4.4.2　最大破碎力

　　确定破碎力的方法可概括为两种：一种是根据破碎功或电机功率，结合破碎机的结构特点，导出破碎力的理论计算公式；另一种是根据实验数据，导出破碎力的计算公式。由于破碎力与许多因素有关，因此用理论公式求得的破碎力与实际相差较大，故大多用后一种实验分析法求破碎力。

　　根据对复摆颚式破碎机的实验数据进行综合分析而求得的最大破碎力为：

$$F_{\max} = \frac{\sigma_{\mathrm{B}}}{20}HLK \tag{4-8}$$

式中　　σ_{B}——物料的抗压强度，MPa；

　　　　H——破碎腔的有效高度，mm；

　　　　L——破碎腔的有效宽度，mm；

　　　　K——物料的充填系数，取 $K = 0.24 \sim 0.30$。

4.4.3　最大破碎力的作用位置

　　根据对复摆颚式破碎机的试验得知，最大破碎力作用于固定颚有效高度的中

间。最大破碎力在动颚上的作用位置按其在固定颚
上的作用位置，用作图法或分析法来确定（见图
4-4）。经过数学分析可得：

$$AB' = \frac{H}{\cos\alpha} - \frac{(iH\tan\alpha + b)\tan\alpha - \sin\alpha}{\sin\alpha + \tan\alpha}$$

(4-9)

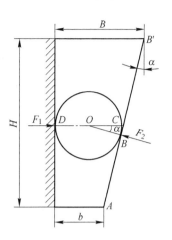

式中　iH——破碎力在固定颚板上的作用位置（对
　　　　　复摆破碎机 i 等于 0.5）；
　　　α——啮角，(°)；
　　　b——排料口宽度，mm。
　　根据式（4-9），若已知 iH，可求出 AB；若已
知 AB，可求出 iH。

图 4-4　合力作用位置的换算

4.5　功　　率

　　颚式破碎机在进行破碎作业的过程中，其消耗的功率与破碎机的规格尺寸、
转速、排料口宽度、啮角及被破碎物料的物理机械强度和粒度特性都有关系。破
碎机的规格尺寸越大，转速越高，其消耗的功率就越大；破碎比越大，消耗的功
率也越大。但是，对破碎机功率消耗影响最大的应该还是被破碎物料的物理机械
性质。由于破碎机消耗的功率与多种因素有关，目前还没有一个能精确地计算出
破碎机所消耗的功率的理论公式。

　　目前，对于颚式破碎机功率的计算主要依靠经验公式，主要的经验公式有：

$$N_D = 1.14 \times 10^{-4} L D_{max}$$

(4-10)

$$N_D = 2.1613 \times 10^{-7} nL(D_F^2 - P_D^2)$$

(4-11)

式中　N_D——颚式破碎机主电机功率，kW；
　　　L——破碎腔长度，mm；
　　D_{max}——最大给料粒度，mm；
　　　n——偏心轴转速，r/min；
　　　D_F——给料的平均粒度，mm；
　　　P_D——排料的平均粒度，mm。

　　理论计算方面，由于电机提供的有用功应该是破碎力在齿面各点位移方向上
所做的功，因此做如下假设（见图4-5）。

　　在破碎过程中，假设动颚齿面各点按其水平行程的平均值平行移动；在不计
物料与齿板间摩擦的情况下，不论破碎力在破碎腔内如何分布及其在破碎过程中

大小如何变化，假设有一常值压力垂直于动颚齿面，并且沿动颚长度方向均匀分布，那么其压力的合力，称为等效破碎力。

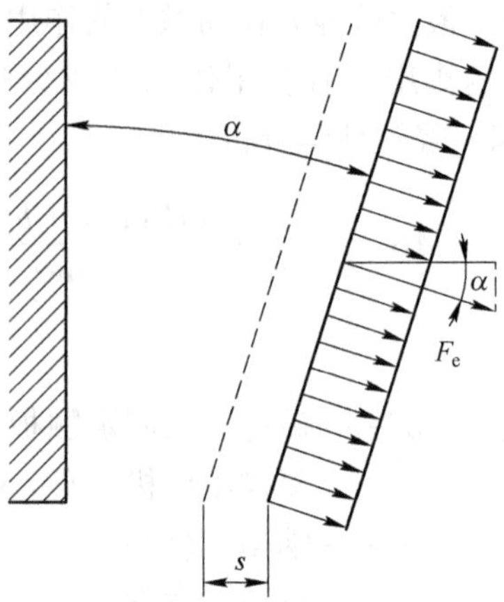

等效破碎力 F_e 在位移 S 方向上所做的功 W 为 $F_e s \cos\alpha$，动颚一个运动循环的时间 $t = 60/n$，则单位时间所做的功 W/t。考虑破碎机的机械传动效率 η_1 和物料与齿板间摩擦损耗的破碎效率 η_2，则破碎机的总效率 $\eta = \eta_1\eta_2$。综上所述，可得电机功率为：

$$N_D = \frac{F_e s n \cos\alpha}{6 \times 10^4 \eta} \tag{4-12}$$

图 4-5　动颚齿板的等效破碎力

式中　　F_e——等效破碎力，kN；

　　　　s——挤压行程，mm；

　　　　α——排料层啮角，(°)。

等效破碎力与最大破碎力的比值定义为等效系数，其值为：

$$k_e = \frac{F_e}{F_{max}} \tag{4-13}$$

式中　　F_{max}——最大破碎力，是满载时破碎力的最大值。

5 颚式破碎机的使用与测试

正确操作、精心维护、及时检修，可以保证破碎机正常运转和延长其使用寿命，以及提高破碎机作业率和充分发挥它的潜力。因此，必须在通晓破碎机工作原理和结构构造的基础上，掌握破碎机的操作和维护修理方面的基本知识。

为判定机器的优劣，还应对破碎机的性能、机械强度及力学性能参数进行测试，这不仅可对现有破碎机的性能进行技术鉴定，还可为破碎机的改进提供依据。

5.1 颚式破碎机的操作

破碎机的操作有起动、运转和停车等。

5.1.1 起动前的准备工作

（1）认真检查破碎机的主要零部件，如颚板、轴承、连杆、衬板、拉杆弹簧和传动装置等是否完好。

（2）检查破碎腔内有无矿石。

（3）检查给料机、带式输送机、电器设备、信号设备是否完好。

（4）对于大型破碎机，若偏心轴的偏心位置处于偏心轴回转中心线的下部，则应该用吊车或提升机驱动飞轮，使其处在最有利于起动的位置，即将偏心轴位置转到偏心轴回转中心线的上部。采用分段起动时，可直接起动。对于中小型破碎机，确认能用人工盘动曲轴的带轮后，方可起动。

（5）对大型或中型破碎机，起动前还要检查油箱的油量，然后起动油泵向破碎机内的轴承、齿轮和减速器等各润滑部位供油，等回油管有回油（通常 5 ~ 10 min）及油压表指针在正常工作压力值后，才能起动破碎机。在冬季，若厂房内无取暖设备，则在油泵起动前应合上油预热器的开关，使油预热 15 ~ 20 ℃ 后，再起动油泵。对于中小型破碎机，运转前应检查机架轴承和动颚轴承中的润滑油是否充足。

（6）对偏心轴和连杆上部的轴承等润滑部位通有冷却水装置的颚式破碎机，应预先开启循环冷却水阀门。

（7）严格执行"操作牌"制度，设备停止运转时，将禁止开动牌挂在设备的操作箱上，牌子未拿掉任何人不得开动。

以上各项准备工作做好后方可开车。

5.1.2　操作顺序

新安装的破碎机必须进行单车空载和有载试运转，待检查无异常情况且轴承温升稳定后，方可终止试运转。

作业线上正常生产的破碎机操作顺序如下。

（1）开车时，先开动排矿带式输送机和润滑油泵，当回油正常后，再开动破碎机。

（2）当破碎机运行正常后，再开动给料机。

（3）停车时，先停给料机，当破碎腔内物料全部排出后，再停破碎机。

（4）最后停润滑油泵和带式输送机。

5.1.3　起动和运转中应注意的事项

（1）起动破碎机后，应注意控制盘上的电流表，通常起动时的高峰电流经 30~40 s 后就降至正常工作电流。在破碎机正常运转的过程中，也要注意电流表的指示数，不应较长时间超过规定的额定电流值，否则容易发生电机烧毁事故。

（2）破碎机正常运转后，才可以开启给料设备。并应该根据料块大小和破碎机运转情况调节给料机的转速以改变给料量。如果料块大，且破碎腔中的物料较多，就应当适当减少给料量，反之应增加给料量。通常破碎腔中的物料高度不应超过破碎腔高度的 2/3，对于中小型破碎机，破碎腔中的物料高度一般不超过腔高的 80%。

（3）操作中均匀给料有利于提高产量。要严防将不能破碎的物料如斗齿、钻头和履带板等混入破碎腔。

（4）设备运转中，应每隔一定时间对各部位进行检查，即应实行巡回检查制度。

（5）设备运转中，若发现产品粒度过大，则应停车调整排矿口宽度。

5.2　颚式破碎机的维护与保养

5.2.1　颚式破碎机的日常维护

颚式破碎机的日常维护主要有以下几个方面。

（1）检查轴承的发热情况。滚动轴承的温度不能超过 70 ℃，滑动轴承的温度不能超过 60 ℃，若超过该规定温度，则应立即停车检查和排除故障。

（2）检查润滑系统的工作是否正常，齿轮油泵的工作有无撞击声，观察油压表的数值和检查油箱中的油量是否充足及润滑系统是否漏油等。若发现异常，应及时处理。动颚悬挂轴承和肘板的肘头处，用电动或手动干油泵润滑的应定期注油。小型破碎机动颚悬挂轴承用黄油杯加油，每隔 40~60 min 加油 1 次。肘板的肘头每隔 3~4 h 滴 1 次机油。

（3）检查回油中是否含有金属粉末类污物，若有，则应停车拆开轴承等部位进行检查。

（4）检查各部位的螺栓和飞轮的键等连接件有无松动现象。

（5）检查齿板和传动部件的磨损情况，拉杆弹簧的工作是否正常。

（6）保持设备清洁，做到无积灰、无油污、不漏油、不漏水、不漏电、不漏灰，特别注意不得让灰尘进入润滑系统和润滑部位。

（7）定期清洗过滤冷却器，洗净后应待完全晾干方能继续使用。

（8）定期更换油箱内的润滑油，一般每半年更换 1 次。

5.2.2 颚式破碎机故障分析与排除

破碎机经过长期使用后，零件或配合件由于磨损、变形、疲劳、腐蚀、穴蚀、松动或其他原因，会失去原有的工作性能，使破碎机技术状况恶化，出现工作不正常，甚至不能继续工作的现象，这时通称破碎机有了故障。

破碎机产生故障的原因，可从 4 个方面来分析，即配合件的正常配合关系被破坏，零部件间的相对位置发生了变化，零件本身产生了变形、损坏、材质变化和表面质量改变，零部件间被杂质阻塞等。

机器发生的故障包括调整、使用、维修不当造成的事故性损坏（如阻塞、松动），以及零件因磨损、腐蚀、穴蚀、疲劳等造成的自然性损坏。前者是可以避免的，后者虽不可避免，但如果能查明零件损坏的原因，掌握损坏的规律，从设计、制造到使用和维护各个环节采取相应技术措施，就能大大减少零件的损坏，延长机器的使用寿命。

颚式破碎机常见故障产生的原因及其排除方法见表 5-1。

表 5-1 颚式破碎机常见故障产生的原因及其排除方法

故 障	原 因	排 除 方 法
滑动轴承发热	油压过低油量不足或中断	调整油量
	间隙过小	调整间隙
	油质不好或油中杂质过多	更换或过滤
	接触配合不均匀或接触面小；单位压力大	刮研增大接触面，减小单位压力
	磨损过大	刮研修整或更换

故　障	原　　因	排除方法
滑动轴承发热	轴瓦偏斜或轴弯曲	调整轴瓦间隙或更换轴瓦
	传动带过紧	调整传动带
滚动轴承发热	油量过多或过少	调整油量
	滚动轴承损坏	更换
	油质不好或杂质过多	更换
	装配过紧	调整
	轴承偏斜或轴弯曲	调整或更换
	传动带过紧	调整
颚板发出冲击声音	拉紧装置拉不紧	紧固弹簧
	弹簧失效	更换
偏心轴瓦或瓦座有响声	间隙过大	调整或更换
	轴承损坏	更换
齿板或侧壁衬板有金属撞击声	松动	紧固
破碎机下部有撞击声	连杆弹簧弹性消失或破坏	更换弹簧
破碎机转速减慢或传动带打滑	传动带变松弛或被拉长	拉紧或更换
飞轮剧烈摆动	飞轮的键变松弛或被破坏	更换键或校正键槽
肘板折断	肘板与肘板垫偏斜	调整或更换
	破碎腔内落入了铁块	加强给料的人工除铁与电磁除铁
剧烈的劈裂声后，动颚停止摆动，飞轮继续回转，连杆前后摆动，拉杆弹簧松弛	肘板折断	更换肘板
	连杆下部肘板垫的凹槽出现裂纹	更换连杆
	肘板保险件设计不当	更换
紧固螺栓松动，尤其是组合机体的螺栓松动	安装不当，振动过大	检查更换
偏心轴折断或出现裂纹	产生尖峰负荷，如破碎腔内落入铁块等	加强给料的除铁
飞轮回转但破碎机停止工作，肘板从肘板座中脱出	弹簧变松	检查和更换
	连杆被破坏	检查和更换
	连杆螺母脱扣	检查和更换

故　障	原　因	排　除　方　法
动颚折断或出现裂纹	产生尖峰负荷	防止出现过大负荷
	材质不佳	改进
	设计不当或制造有缺陷	改进
机体出现裂纹	出现尖峰负荷并反复出现	防止出现过大负荷
水进入供油系统	过滤冷却水的压力高于供油系统的油压力	使冷却水压比油压低约 50 MPa
供油系统油压下降	油泵有故障	检查修理
	油温过低	给油加热
	供油阀门关得过紧	开大阀门，当油压下降至低于规定的限度而供油口开闭装置（如有此种装置）不起作用时，应立即关掉油泵运转，进行系统检查
过滤冷却器前后压力表压差增大	过滤器堵塞	当压力表显示超过 0.04 MPa 时，须清洗过滤器
给油系统的油压升高，并且回油的温度也相应上升	油管或润滑零件中的油沟被堵塞	检查并清洗油管或油沟
从冷却器中排出的水温度超过 45 ℃	冷却水不足	补水
	冷却水温度过高	检查水压是否太小，在可能的情况下加大水压
	冷却系统结垢	清洗冷却器
油流指示器显示油流断断续续	油温低	给油加热
	局部堵塞	当没有连续油流通过指示器时，不能开车
至油箱的回油减少，油箱中的油量显著减少	给油过多	减少给油量
	连杆头的轴承密封垫老化，油经过时从老化处漏出	检查修理

5.3　颚式破碎机的安装、运转及修理

5.3.1　颚式破碎机的安装

颚式破碎机一般安装在混凝土地基上。颚式破碎机的地基要与厂房的地基隔

开，以免它将颚式破碎机的振动传给厂房。地基的深度不应该小于安装地点的冻结深度，地基的面积应该按照安装地基处的土壤允许的压应力来决定。地基的重量应该是机器重量的 3~5 倍，一般用 140~150 号水泥来浇注地基。

设计地基时应该考虑产品运输带、更换肘板和修理调整装置等所占的空间，同时也要留出地脚螺栓的预埋孔。破碎产品应该经过与破碎机纵向轴线方向一致的地基排料槽排出，排料槽的斜度不应小于 50°。地基周围应该留有有足够的空间作为维护和修理破碎机及放置维修工具的场地。

装配破碎机首先是将机架装在地基上，然后按顺序将其他零部件装配起来。安装过程中应该认真仔细地调整各连接部分，特别是肘板、偏心轴和动颚悬挂轴之间的平行度，不允许其超过规定的范围。

5.3.1.1　机架的安装

颚式破碎机安装在混凝土基础上，为了减少振动和噪声，以及吸收振动，应在机架和混凝土之间垫上一层硬方木、橡胶带或其他减振材料。机架安装在基础上或装在木座上时的横向和纵向水平度应符合要求，机架底脚与基础间的垫板必须平整、均匀和稳固。

可拆卸组合机架的对口结合处表面的吻合程度必须良好。机架用螺栓连接时，最好将螺栓加热到 300~400 ℃，以使机架和螺栓连接更加牢固。

机架安装在基础上的横向水平度每米应不大于 0.2 mm，纵向水平度每米应不大于 0.4 mm。组合机架在螺栓未拧紧时，局部间隙不应大于 0.7 mm。

5.3.1.2　偏心轴和轴承的安装

装机前，将滑动轴承研配好后再放入轴承座内，用水平仪（或拉线重锤）测量其水平度和同轴度偏差值。如果二者均在允许的范围内，可把偏心轴放到轴承上，然后再用涂色法检查轴颈和轴承的接触情况。如果接触情况不满足要求，还应进一步刮研。最后 1 次装轴时，应在轴承和轴颈上加一些润滑油。

偏心轴滑动轴承座与机架的接触面积应不小于 80%，最大间隙不大于 0.07 mm。

中小型复摆颚式破碎机常采用滚动轴承。安装滚动轴承时，最好用压力机缓慢压入，压入前应在轴颈上涂少量润滑油。当轴承与轴为过盈配合时，应将轴承在油中加热到 90 ℃左右后再装入，但最好不超过 100 ℃，否则易使轴承退火。加热时间应不少于 20 min，否则内套的膨胀量不够。

轴承中的添加润滑油量以装入轴承空间的 60% 为宜。

5.3.1.3　连杆的安装

连杆应在主轴承与偏心轴轴颈研配好后装配。装配前应仔细检查，无误后再用吊车将其吊至破碎机上安装位置下方。同时洗净待装连杆的上下轴承并用稀油充分润滑，然后在连杆上装上下轴承、上轴承及上壳，最后将装配好的连杆吊至破碎机上的安装位置并用螺栓固紧。

如果连杆上壳与连杆间加上衬垫后，由于配合不严有漏油产生时，应补加衬垫。

在条件允许的情况下，最好先将全套连杆和主轴等零件在机架外面组装好后，再用吊车一次装入机架中。

偏心轴与连杆中心线间的垂直度误差应不大于 0.03/100。

主轴承的外表面与连杆的接触面积应不小于 80%，最大间隙不大于 0.07 mm。

5.3.1.4 肘板的安装

当肘板磨损或折断后，应立即更换。方法是：松开拉杆弹簧螺母，取下弹簧，用链条或钢丝绳拴住动颚下部，再用手拉葫芦拉动钢丝绳，使动颚靠近固定颚，此时肘板会自动落下，如图 5-1 所示。

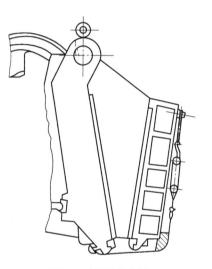

旧肘板拆除后，用钢丝绳将新肘板拉入肘板座中，放松手拉葫芦，使肘板和肘板座紧密接触，然后装上拉杆和弹簧，使肘板紧固在肘板座中，此时可拆除手拉葫芦。

5.3.1.5 动颚的安装

简摆颚式破碎机动颚的装配，全采用事先组装好的动颚部件进行装配，即将动颚、动颚轴、活动齿板、肘板垫等提前组装好，然后用吊车吊到机架上。

图 5-1 肘板的安装

先把滑动轴承研配好，然后放入机架轴承座中，测量其倾斜度和同轴度偏差值。如果二者均在允许的范围内，那么在轴承和轴颈表面涂上润滑油后，就可以将动颚放到轴承中。

机架上的滑动轴承的倾斜度和动颚悬挂轴上的滑动轴承的倾斜度，每米均应不大于 0.1 mm；同轴度偏差值均应不大于 0.06 mm。

动颚轴中心线与动颚中心线垂直度误差应不大于 0.03/100，动颚轴中心线与带轮或飞轮的端面垂直度误差应不大于 0.02/100。

5.3.1.6 齿板的安装

齿板是破碎机中磨损最快，需要经常更换的零件。齿板用螺栓或楔子固定在机架前壁和动颚上，其接触面必须平直，不允许有翘曲现象，否则要及时处理。由于机架前壁内侧未经打磨处理，因此在定颚齿板背面与机架前壁之间最好垫一层软金属垫片，以确保二者紧密贴合。对于大型破碎机，也可在动颚与齿板间灌铅锌等金属，使二者紧密贴合。

5.3.2 颚式破碎机的运转

颚式破碎机装配完后，便可进入试运转阶段。在试运转前，应仔细地检查各部位的螺栓是否拧紧，排料口的宽度是否合适，安全防护装置是否安装完毕，润滑和冷却系统是否正常等。在这些都确认无误后，方能开车试运转。

5.3.2.1 空载试运转

(1) 连续运转 6 h，轴承和油的温度均匀上升且不超过 30~40 ℃。

(2) 所有紧固件均牢固，无松动现象。

(3) 飞轮、带轮运转平稳。

(4) 所有摩擦部位无擦伤、掉屑和研磨现象，无不正常响声。

5.3.2.2 有载试运转

(1) 破碎机不得出现周期性的或明显的冲击声。

(2) 给料最大粒度应符合设计规定。

(3) 连续运转 8 h，轴承和油温不超过 40 ℃。

5.3.3 颚式破碎机主要零件的修理

5.3.3.1 齿板的修理

破碎机齿板是直接与物料接触的零件，磨损较快，寿命较短，一般为 1~3 个月，有的甚至仅用 1~2 周就需要更换。

当齿板的齿峰被磨去齿高的 1/2~2/3 时，就应该更换新的齿板。若齿板只是局部磨损严重，则可采用 D256 或 D266 焊条进行堆焊修复。堆焊的注意事项如下。

(1) 焊前应先将待堆焊部位表面用砂轮磨去 2~3 mm 厚度。

(2) 焊接时尽量避免母体过热，并在焊后锤击焊缝，以消除焊接的内应力。

(3) 堆焊的顺序是先在齿板上的所有齿上各堆焊一层，然后再焊第二层，而不要先焊完一个齿的所有堆焊层后，再焊下一个齿，以免母体过热和变形。堆焊时速度要快，横向摆动要小，尽量用小直径焊条和小的焊接电流。焊后冷却的速度要快，有条件时可将高锰钢铸件放在水中，只露出堆焊部位施焊。此外，若条件允许，焊后最好进行淬火热处理。

5.3.3.2 动颚的修理

动颚的常见故障有动颚裂纹、折断和轴承部位磨损等。

A 动颚裂纹和折断的修理

由于破碎机过热或将排料口调整得过小，会产生待破碎物料过压实现象，而使破碎机在尖峰负荷下工作，从而使动颚（连杆）产生裂纹或折断。动颚的裂纹与折断大多产生在肘板座偏上一点的地方，其修理方法如下。

（1）将怀疑有裂纹的部位先用煤油洗净，然后涂上白粉，稍等片刻即可显现裂纹情况。

（2）在裂纹的两端或里端钻 1 个 6mm 的圆孔，孔深不小于裂纹深度的 1.1~1.3 倍。

（3）选择合适的焊条和焊接坡口，焊前将焊接部位周围预热到 300~600 ℃，必要时也可以增加补焊钢板。

（4）若是动颚折断，则一般选用 X 形焊接，每侧坡口可选择 45°，焊后动颚尺寸应符合原尺寸要求。

B　动颚轴承部位的修理

动颚轴承孔有时由于安装不当或切削加工不符合要求，经工作一段时间后，会产生磨偏现象。其修理方法有两种。

（1）对已磨损的轴承孔电焊补焊"长肉"，然后重新镗孔，恢复原配合尺寸。例如：某厂对 600×900 型颚式破碎机动颚进行焊补修理，步骤为：

1）将动颚轴承车大一点，一般比原直径大 10 mm；

2）采用涡流升温法给动颚加热，即将铜或铝导线缠绕在动颚上，通电使动颚升温至 100 ℃左右，然后在热状态下进行焊接；

3）选用 J506 或 J507 焊条，用直流弧焊机在动颚的轴承部位堆焊两层；

4）冷却后按图样加工。

（2）对已磨损的轴承孔进行扩孔后嵌套（套厚 5~6 mm），恢复原配合尺寸。

此外，动颚的肘板座槽有时会发生磨损或偏斜，其修理方法是：先对磨损或偏斜部位进行焊补后再刨削加工恢复原尺寸。当磨损偏斜程度较大时，可焊上适当厚度的钢板，然后再刨削加工恢复原尺寸。修理后的座槽中心线与偏心轴中心线的平行度偏差，应不大于 0.2 mm。

颚式破碎机的连杆与机架的修理，可参照动颚的修理方法进行。

5.3.3.3　滑动轴承的修理

滑动轴承经过一段时间的工作后，会产生自然磨损，使它的轴承间隙变大（指径向间隙和轴向间隙）。当径向间隙（顶隙）超过 $0.002d$（d 为轴颈直径）时，应调整轴承盖与轴承座之间的垫片，若仍达不到要求，则需换新的轴瓦，并且刮研到合适的状态。颚式破碎机滑动轴承的顶隙，一般为轴颈直径的 0.001~0.0015 倍，而侧向间隙（轴向间隙）为轴颈直径的 0.0015~0.002 倍，接触角为 75°~90°，接触面积不低于轴承内部面积的 60%，接触点均匀分布。

当由于事故磨损如因受力过大或润滑不好而出现轴瓦熔化（俗称烧瓦）现象时，应立即修复。可采用全部轴瓦重新浇注或分层气焊"长肉"等方式进行修复。轴承厚度在 10 mm 以上的应进行浇注修复；轴承厚度在 10 mm 以下的可采用分层气焊"长肉"的方式修复。焊补厚度至少应在 4 mm 以上，然后可用机床加工。

当偏心轴颈的直径在 200~350 mm 时，轴承调整间隙垫片的厚度为 1.8~2.0 mm，轴瓦允许磨损厚度（指一次配合）为 1.5~2.3 mm，瓦衬厚度为 9~15 mm。

5.3.3.4 偏心轴与动颚悬挂轴的修理

简摆式颚式破碎机的偏心轴磨损到下述程度时应进行修理：圆度大于 0.1~0.15 mm，圆柱度大于 0.08~0.12 mm，轴颈表面凸凹度大于 0.1~0.12 mm。

复摆式颚式破碎机偏心轴磨损到下述程度时应进行修理：圆度大于 0.05 mm，圆柱度大于 0.04 mm，轴颈表面轮廓度大于 0.04 mm。

偏心轴磨损后的修理方法有 3 种：（1）先对磨损轴颈进行"长肉"焊补，然后再加工恢复至原尺寸；（2）先将磨损的轴颈车小后嵌套，然后再加工恢复至原尺寸；（3）先用振动堆焊和金属喷镀法进行修理，然后再加工恢复至原尺寸。

简摆式颚式破碎机的动颚悬挂轴由于转动角度小，因此局部磨损较严重。悬挂轴与动颚是过盈配合，质量也比较大，使两者分开比较困难，可用图 5-2 所示的方法在破碎机上直接修理。

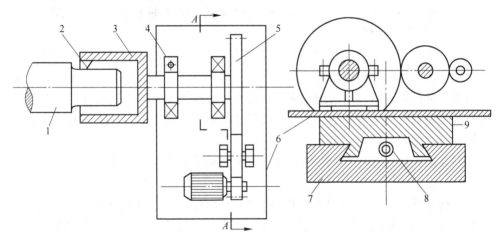

图 5-2 在破碎机上直接修理动颚悬挂轴轴颈的示意图
1—动颚悬挂轴；2—刀具；3—钢套；4—轴承；5—齿轮；
6—钢板；7—工作台座；8—丝杠；9—移动工作台

修理方法如下：（1）先将动颚悬挂轴两端的轴承拆除，将动颚悬挂轴与动颚固定好；（2）利用大型机床（如车床）的刀架作为工作台，上面固定一块钢板，将电动机传动齿轮 5、轴钢套等都固定在钢板上，工作台下座固定在基础上或破碎机上；（3）摇动工作台丝杠 8，使钢套 3 和轴做往复运动，以便切削整个轴颈。这种方法找正比较困难，另外轴和钢套的刚性要选得大一些，否则加工后会出现锥度较大和表面不光滑的问题。切削速度可取 150 r/min 左右，车好后按轴的尺寸配制轴瓦。

5.4 颚式破碎机主参数的测试

颚式破碎机的主参数是指生产能力、功耗、主轴转速等与机器技术性能有关的主要参数。对这些主参数及与其相关的参数如产品的粒度组成、机器的效率等的测定，可以为机器技术性能的鉴定和机器的改进设计提供依据。因此必须对主参数测定的方法和条件作出较为严格的统一规定，否则同型号破碎机测出的技术性能将有较大差别，例如机器的待破碎物料的种类和粒度组成、装料方式及排料口尺寸不同，其生产能力和功耗都有很大的差异。

5.4.1 生产能力测定的方法和条件

在有关破碎机的标准中，都规定了公称开边排料口宽度下的公称生产能力 Q_0，单位是 m^3/h。若破碎机的实测生产能力 $Q \geqslant Q_0$，则表明该破碎机的生产能力是达标的。

5.4.1.1 生产能力的测定方法

破碎机生产能力的测定分工业性测定与非工业性测定两种，其中：工业性测定的目的是测定破碎机在实际工况下的处理能力；非工业性测定一般在较严格的测试条件下进行，其目的是鉴定破碎机技术性能的优劣。

工业性测定是从总长度不小于 15 m 的皮带运输机的三段传动带上选取连续排出的质量为 m_i 的破碎产品试样（选取试样时应停车）进行计算。

$$Q = \sum_{i=1}^{n} \frac{3.6 m_i v}{n l \gamma} \tag{5-1}$$

式中　Q——破碎机的生产能力，m^3/h；

　　　　n——测定次数，一般 $n \geqslant 3$；

　　　　m_i——每次测定时从运输皮带上选取的产品试样的质量，kg；

　　　　v——传动带的速度，m/s；

　　　　l——每次取样时传动带的总长度，m；

　　　　γ——破碎产品的松散密度，t/m^3。

非工业性测定是将事先选定的质量为 m_i（kg）的待破碎物料投入破碎机，同时记录下产品从排料口排出的时间 t_i（s），然后进行计算。其生产能力 Q 按下式计算：

$$Q = \sum_{i=1}^{n} \frac{3.6m_i}{nt_i\gamma} \tag{5-2}$$

5.4.1.2 对破碎物料的要求

由于非工业性测定的目的是鉴定破碎机技术性能的优劣，因此必须严格控制测定条件。同样，其对破碎物料也有一定的要求。

A 待破碎物料的质量 m_i

m_i 是指每次投入破碎机内待破碎物料的质量。确定待破碎物料的质量首先应保证破碎机能在满负荷下工作，即应该在破碎腔中填满待破碎物料；同时应有足够的破碎时间以提高测定的准确度。兼顾以上要求，在公称排料口宽度下测定时间以 60~90 s 为宜，对于中小型破碎机测定时间可取较大值。由此可得待破碎物料的质量为

$$m_i = \frac{(60 - 90)\gamma Q_0}{3.6} = (16.7 - 25)\gamma Q_0 \tag{5-3}$$

式中 γ——破碎产品的松散密度，t/m^3；

Q_0——标准中规定的公称生产能力，m^3/h。

各型号破碎机每次待破碎物料的质量见表 5-2。

表 5-2 各型号破碎机的参数

破碎机型号	公称生产能力 /$m^3 \cdot h^{-1}$	最大排料口宽度 b_{max}/mm	待破碎物料的质量 m_i/kg	与 m_i 对应的理论破碎时间 t/s	最大进料粒径 D_{max}/mm	待破碎物料的平均粒径 D/mm	测定产品松散密度的试样质量 m_1/kg	产品筛析的试样料质量 m_2/kg
150×250	3.0	15	120	90	130	100	120	6
250×400	7.5	60	300	90	210	140	300	15
400×600	18	90	720	90	340	160	720	36
500×750	40.5	100	1350	75	425	200	1000	40
600×900	60	125	2000	75	500	220	1000	50
750×1050	110	140	3600	74	630	260	1000	72
900×1200	180	165	4800	60	750	310	1000	96
1200×1500	310	195	8300	60	1000	360	1000	124
1500×2100	550	225	15 000	61	1300	180	1000	150
2100×2500	800	300	21 000	59	1700	600	1000	210

B 待破碎物料的块度要求

待破碎物料的粒度分布及装料情况直接影响破碎机生产能力的测定。破碎时

喂入的大块物料多，显然比喂入的小块物料多的生产能力小些，因为很多小块物料只需很少的能耗就能被破碎至要求的粒度，有些甚至不需要破碎就可直接从排料口排出。因此在测定生产能力时，必须对待破碎物料的粒度分布作出统一的规定，只有这样，同型号破碎机测出的生产能力才具有可比性。

在进行破碎机生产能力非工业性测定时，对待破碎物料的粒度要求应考虑如下情况，即不论进行单机非工业性测定，还是在分级破碎流程中进行工业性测定，所测得的生产能力应基本一致（或不会相差太大）。在分级破碎流程中，破碎机的给料均为上一级破碎产品的筛上物料，其平均粒径应以上一级较大型号破碎机可能排出的产品的最大粒径为基准。因此，待破碎物料的平均粒径 D 应满足如下要求：

$$D \geqslant 1.6 b_{max} \tag{5-4}$$

式中　b_{max}——上一级较大型号破碎机的最大排料口宽度，mm。

待破碎物料的平均粒径 D 见表 5-2。表中数据是按物料的松散密度 $\gamma = 1.6 \ t/m^3$ 计算的。

5.4.1.3　生产能力的测定条件

单机非工业性测定破碎机生产能力时，应满足如下条件。

（1）当测定的生产能力用于鉴定破碎机的达标性能时，待破碎物料应选花岗岩，其抗拉强度 $\sigma_B = 11 \ MPa$，抗压强度 $\sigma_p = 220 \ MPa$。其他测定也应选取硬度较高的矿石。

（2）每次破碎的试样质量 m_1 应按表 5-2 选取，且测定次数不少于 3 次。

（3）每次破碎的试样中，80%试样的平均粒径 D 应符合表 5-2 中的规定，其余粒径小于 D 的 20%的试样，可在待破碎物料中随机选取。

（4）破碎机工况为连续进料，物料在破碎腔内的填充度不小于腔高的 80%。

（5）机器应安装在混凝土地基上，并能保证连续通畅排料。

（6）在公称开边排料口宽度下，测定每次作业的排料时间 t_i 后，按式（5-2）计算破碎机的生产能力 Q。

5.4.2　破碎产品的性能测定

对破碎产品应进行产品的松散密度测定和产品的粒度特性测定。测定前应将破碎产品人工混匀后从中随机选取试样，以提高测定精度。

5.4.2.1　破碎产品的松散密度 γ 的测定

在混匀的破碎产品中取质量为 m_1 的试样，放入专用的装料箱中，体积为 V_0 破碎产品的松散密度 γ（t/m^3）按式（5-5）计算：

$$\gamma = \frac{m_1}{1000V} \tag{5-5}$$

式中 　m_1——装料箱中试样的质量，kg，其值见表5-2；

　　　　V——装料箱中试样的体积，m^3。

5.4.2.2 破碎产品的粒度特性的测定

在混匀的破碎产品中，随机取质量为 m_2 的试样，用各粒级序列的方孔筛或圆孔筛进行试样的粒度特性测定。筛孔的最大尺寸按试样在筛上的残留量不超过5%确定。试样经筛孔尺寸为 b_i 的 n 个筛子筛分后，得到相邻两筛间的产品质量为 r_i。若将筛子以筛孔尺寸从小到大排序，则第 k 级产品的平均粒径 d_k 和第 k 级筛的筛上产品累积率 q_k 按下式计算：

$$d_k = \frac{b_k + b_{k-1}}{2} \tag{5-6}$$

$$q_k = \frac{\sum\limits_{i=k}^{n} r_i}{\sum\limits_{i=0}^{n} r_i} \times 100 \quad (i=0,\ 1,\ 2,\ \cdots,\ k,\ \cdots,\ n) \tag{5-7}$$

为了定量说明破碎机破碎产品的质量，以计算破碎产品的等值粒度值 d_{eq}（mm）为宜。等值粒度值越小，破碎效果越佳。等值粒度值按下式计算：

$$d_{eq} = \frac{\sum\limits_{i=1}^{n} r_i d_i}{\sum\limits_{i=1}^{n} r_i} \tag{5-8}$$

式中，r_i、d_i 分别表示筛孔尺寸为 $b_{i-1} - b_i$ 分级处的产品的质量和平均粒径（mm）。其中 r_i 也可以用破碎产品的质量分数（产率）表示。

例如，表5-3列出了 PE150×250 型破碎机破碎产品的筛分结果。筛析的筛子数 $n=6$，各粒级的平均粒径按相邻两筛筛孔尺寸的平均值计算，按式（5-8）计算得到破碎产品的等值粒度值 $d_{eq} = 13.32$ mm。

表5-3　PE150×250型破碎机破碎产品的粒度实测数据

筛子数 i	1	2	3	4	5	6
筛孔尺寸 b_i/mm	0~5	5~10	10~15	15~20	20~25	25~30
破碎产品质量分数 r_i/%	25.6	12.4	14.5	20.2	22.1	5.2
物料平均粒径 d_i/mm	2.5	7.5	12.5	17.5	22.2	27.5

5.4.3　机器的功耗、效率及转速的测定

通过对实际功耗、机械效率和机器主轴的瞬态转速的测定，可以对破碎机输

入功的利用程度、破碎效率及节能率作出评价。由于实际功耗与待破碎物料的机械性质有直接的关系，因此若要评价破碎机的性能，并与国内外破碎机进行比较，则必须对待破碎物料的机械性能进行测定。

5.4.3.1 石料力学性能的测定

在国内外有关破碎机的标准中，待破碎物料的力学性能通常用抗拉强度 σ_B 和抗压强度 σ_p 表示，因此应对待破碎物料的这两种强度值进行测定。

在待破碎物料中随机选取物料样坯，将其加工成边长为 30～50 mm 的立方体试件。为保证测定的准确性，应对物料样坯进行打磨处理，并经检验无裂纹后方可用作试件。

将试件置于万能材料试验机上，为避免因加载偏斜造成测定误差，在试件上方放置一个专用的球面垫，通过该球面垫使试验机的压头均匀地压在试件上。在进行抗拉试验时，在试件的受压表面固定放置一根钢丝（如自行车车轮的拉紧钢丝），试验机加压时使试件呈劈裂拉伸破坏。分别记录试件破坏时的试验加压载荷，其抗拉强度 σ_B（MPa）和抗压强度 σ_p（MPa）按下式计算：

$$\sigma_B = \frac{1}{n} \sum_{i=1}^{n} \frac{F_{Bi}}{A_i} \tag{5-9}$$

$$\sigma_p = \frac{0.64}{n} \sum_{i=1}^{n} \frac{F_{pi}}{A_i} \tag{5-10}$$

式中，F_{Bi}、F_{pi} 分别为抗拉和抗压试验中石料破坏时，万能材料试验机的加载压力，N；A_i 为经测量后计算的试件的破坏截面积，cm²；n 为试件个数，一般取 $n \geq 5$。

计算时若某试件的测定值明显偏大或偏小则不应计入。此种情况或是加载偏斜或因试件内部缺陷所致。花岗斑岩、青磐岩化安山岩、青石等的抗压强度测定值为 180～260 MPa，多数在 200 MPa 左右，其中青磐岩化安山岩的抗压强度可达 290 MPa。上述岩石的抗压强度与抗拉强度的比一般为 18～24。

5.4.3.2 机器的功耗和效率的测定

破碎机的功耗常采用如下几种方法测定。

（1）读数法。直接用功率表或电度表读数测量。

（2）计算法。测量电动机的电流 I 和电压 U 的变化并通过示波器记录，在示波图上测量 U、I 及功率因数 ϕ 后，按公式求得功耗 $P = UI\cos\phi$。

（3）自动记录法。用自动功率记录仪直接记录破碎机由空载起动、空载运行到正常破碎作业的全过程的功率变化曲线。

前两种方法的测量精度都比较低，特别是计算法，其测量和计算的工作量都很大，因为在示波图上要选择相当多的截面进行测量计算，才能保证一定的测量精度。破碎机功耗测定一般应采用自动记录法，该测定方法能准确记录机器瞬态功率的变化过程, 不但能较准确地计算出破碎机正常工作时的平均功率, 而且从曲线上能够直接量取经计算得到的破碎机的空载功率 (在功率变化曲线上, 空载功率是一条与功率零线平行的近似直线)。

由于破碎机作业时, 其瞬态破碎力和主轴的瞬态转速是变化的, 因此机器在微小的时间间隔内所做的元功也在不断变化。所以功率曲线是一条具有振动波形的曲线, 显然, 其平均值就是电机的实际功耗。电机的功率 p_{cm} (kW) 按其单位时间内的平均功耗来计算:

$$P_{cm} = \frac{\mu_N \int_0^L P(l)\,dl}{L} \tag{5-11}$$

式中 μ_N——曲线上标定的功率比例尺, 表示功率曲线上单位长度的功率值, kW/mm;

   L——在机器稳定作业段内选取的曲线图上横坐标的长度, 实际上它表示的是作业时间, mm;

$\int_0^L P(l)\,dl$ ——在长度为 L 所表示的时间内, 功率曲线与功率零线内所包围的面积, 实际上表示对应于 L 作业区段的时间内破碎机所消耗的功, mm^2。

为了提高测量效率和准确度, 应将功率曲线上各振动波的对称中点连成光滑的功率曲线, 用求积仪求出光滑曲线与功率零线包围的面积。空载功率 P_0 可以用直接量取的纵坐标值乘以功率比例尺求得。

功率测定必须注明待破碎物料的抗压强度 σ_p 和抗拉强度 σ_B, 因为物料的力学性质不同时, 其功耗实测值相差很大。

如果需要通过比较实测功率与标准规定的功率来评价破碎机的性能是否达标, 那么应考虑实测时待破碎物料的性质与标准规定的物料力学性质间的差异。在颚式破碎机标准 TOCT 7084—80 中要求用抗拉强度 $[\sigma_B]$ =11 MPa 的物料进行生产能力的测定。由于生产能力测定与功率测定是同时进行的, 因此, 实际上 TOCT 7084—80 标准中规定的功率 P_0 是指颚式破碎机破碎 $[\sigma_B]$ =11 MPa 物料时的功率。根据实测数据 $\sigma_p/\sigma_B = 18 \sim 24$, 实测功率 P_{cm} 与颚式破碎机标准要求的破碎物料时的功率 P 按下式进行线性变换:

$$P = \frac{P_{cm}}{\sigma_p}[\sigma_p]$$

或

$$P = \frac{P_{cm}}{\sigma_B}[\sigma_B] \tag{5-12}$$

式中 P_{cm}——物料抗拉强度为 σ_B 或抗压强度为 σ_p 时破碎机的实测功率, kW;

P——物料的抗拉强度或抗压强度为标准中的规定值 $[\sigma_B]$ 或 $[\sigma_p]$ 时，破碎机的实测功率，kW。

其中，$[\sigma_B] = 11$ MPa，$[\sigma_p] = 150$ MPa。由实测 $\sigma_p/\sigma_B = 18\sim24$ 知，破碎机标准选取 $\sigma_p = 150$ MPa 显得过小，从而降低了标准要求。

当测得电机功率 P_{cm} 及空载运转的功率 P'_{cm} 后，由下式可求得颚式破碎机的功率：

$$\eta = \frac{P_{cm} - P'_{cm}}{P_{cm}} \tag{5-13}$$

5.4.3.3 机器转速的测定

机器的转速是指破碎机曲轴的转速，其测定内容包括空载转速 n_0、负载平均转速 n_{cm} 及瞬态转速 n_i。

平均转速 n_{cm} 代表破碎机曲轴的额定转速。额定转速与破碎机的生产能力和功耗有关，提高主轴转速虽然可以提高生产能力，但同时会增大机器的功耗。若生产能力随主轴转速的提高呈线性增大，则说明破碎机仍能通畅排料，否则说明前一破碎作业的排料尚未结束后一破碎作业就开始了。如果生产能力随转速增大的变化曲线的斜率小于功耗随转速变化的斜率，那么用增大转速提高生产能力的方法是不可取的，因为它是以更大的机器功耗为代价的。曲轴的瞬态转速 n_i 是曲轴转一周各时刻对应的转速。测定瞬态转速，可得到曲轴转一周中各时刻转速的变化曲线。据此曲线可以求出曲轴转速的波动情况，从而可以看出飞轮的调速效果及电机输入功的合理分配情况。因此，对破碎机的转速进行测定，有助于评价机器的运转性能。

转速的测定一般采用定时转速表法和光电转速传感器法。

定时转速表法是将转速表的测头直接压在曲轴端头的加工定位孔中，直接读出转速数。用该法可分别测出空载转速 n_0 和有载转速 n_{cm}，但不能测出瞬态转速 n_i。

光电转速传感器法可测出瞬态转速 n_i。在曲轴的外端部安装一个分度盘（也可用飞轮的外缘刻度代替分度盘）来表示曲轴偏心的不同转角位置，此外在分度盘附近安装光电转速传感器，用来接收分度盘上的刻度信号。如图 5-3 所示，在示波图上记录由光电转速传感器接收的曲轴分度脉冲信号及标准时标打点信号，通过记录的曲轴转角及对应的时间，可以求出该转角区间内的曲轴转速。当曲轴分度较小时，可得到近似的瞬态转速 n_i。若通过磁带机记录或通过 A/D 转换板并与单板机相连，则可由计算机直接得到瞬态转速和转速变化曲线。

由瞬态转速 n_i 可求出曲轴转一周过程中转速的最大值 n_{max} 和最小值 n_{min} 及其对应的曲轴转角 ϕ' 与 ϕ''。显然，转速最大时的曲轴转角 ϕ' 与破碎机一个运动循环中的开始破碎物料的工况相对应，而 ϕ'' 则与破碎终了相对应。

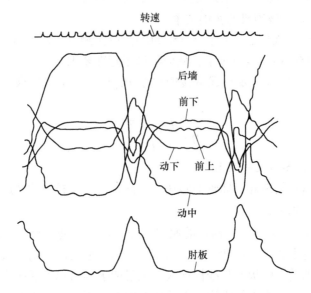

图 5-3 应力及主轴转速示波图

机器的平均转速 n_{cm} 按式 (5-14) 计算：

$$n_{cm} = \frac{\int_0^{2\pi} n_i \mathrm{d}\phi}{2\pi} \tag{5-14}$$

当需要绘出瞬态转速随曲轴转角 ϕ 的变化曲线时，可按式 (5-14) 计算结果进行绘制。当需要求出 K 个点位瞬态转速的离散值时，则按式 (5-15) 计算：

$$n_{cm} = \frac{\sum_{i=1}^{k} n_i}{K} \tag{5-15}$$

机器运转的速度波动不均匀系数 δ 按式 (5-16) 计算：

$$\delta = \frac{n_{i\max} - n_{i\min}}{n_{cm}} \tag{5-16}$$

对中小型破碎机 δ 一般为 0.09~0.15，在进行破碎机的飞轮设计时通常 $\delta = 0.05$ 或更小。采用原有飞轮转动惯量简易设计方法设计的飞轮，不能使 δ 达到预定的要求，有待改进。若采用本书推荐的飞轮转动惯量优化设计方法设计飞轮，建议 $\delta = 0.08~0.1$。

5.4.4 破碎机技术性能评价方法

5.4.4.1 评价原则

对破碎机主参数进行测定后，便可对破碎机技术性能的优劣作出评价。在制定评价指标时应遵循以下原则：

（1）兼顾国际上及国内一般采用的指标，借此能对机器技术指标的先进性作出评价；

（2）破碎条件不尽相同时，尽量使指标具有可比性；

（3）评价指标应该量化，以提高其操作性；

（4）主参数是按规定的条件进行单机非工业性测定得到的，工业性测定的结果不能作为技术性能的评价依据。

5.4.4.2 否决项条件

在进行破碎机技术性能评价前，应对某些作为否决项的技术参数和条件进行测试。只有满足规定的条件后，才可以对破碎机的技术性能进行评价。这些参数和条件如下。

（1）机器的进料口尺寸应满足规定的误差：

$$B - \Delta B_1 \leqslant B_实 \leqslant B + \Delta B_2$$
$$L - \Delta L_1 \leqslant L_实 \leqslant L + \Delta L_2 \tag{5-17}$$

式中，B、L 分别为进料口的宽度和长度；ΔB_1、ΔB_2 分别为进料口宽度的上偏差和下偏差；ΔL_1、ΔL_2 分别为进料口长度的上偏差和下偏差（ГОСТ 7084—80）。

当无相应的有关标准时，可取：

$$\Delta B_1 = \Delta B_2 = 0.05B$$
$$\Delta L_1 = \Delta L_2 = 0.05L$$

（2）排料口尺寸应能调整到标准规定的范围：

$$b_{min} \leqslant b \leqslant b_{max}$$

式中，b_{max}、b_{min} 分别为标准中规定的开边制最大和最小的排料口宽度。

（3）破碎机应通过过铁试验。当破碎腔内放入试验楔铁时，肘板应断裂或过载保护装置应起作用，即在电机运转的情况下动颚不再摆动。

（4）按照标准规定的进料最大粒径 D_{max} 投入单块料时，机器能顺利进行破碎，物料在破碎腔内无上跳或打滑现象。

5.4.4.3 技术性能先进性条件

参照世界各国有关厂家的技术标准并比较分析后发现，苏联国家标准 ГОСТ 7084—80 对颚式破碎机规定了较高的性能指标。我国颚式破碎机国家标准送审稿就是参照 ГОСТ 7084—80 制定的，因此达标产品可认为已达到或超过国际先进水平。

当技术性能指标满足如下条件时，说明该破碎机性能已达标。

（1）在公称开边排料口宽度下测定的公称生产能力 Q，不小于标准规定值 Q_0，即 $Q \geqslant Q_0$。

（2）在测定主传动原动机的功率时，若待破碎物料的机械强度与标准不符，应将其实测功率变换为破碎 $[\sigma_B] = 11\ \mathrm{MPa}$ 或 $[\sigma_p] = 220\ \mathrm{MPa}$ 物料时的实测功率 P，其值不大于标准规定值 P_0，即 $P \leqslant P_0$。

（3）不包括原动机质量的机器质量的实测值 m 与机器实测公称生产能力 Q 的比，称为机器单质量（或金属单耗）m_q，即 $m_q = m/Q$，单位为 $\mathrm{t \cdot h/m^3}$。

（4）机器的实测功率 P 与机器的公称生产能力 Q 的比，称为单位功耗 p_q，即 $p_q = P/Q$，单位为 $\mathrm{kW \cdot h/m^3}$，其值不大于标准规定值 p_{q0}。

（5）产品的实测等值粒度 d_{eq} 不大于按标准粒度组成曲线求得的标准等值粒度 D_{eq}（见式（5-18）），即 $d_{eq} \leqslant D_{eq}$。

5.4.4.4 技术性能可比性条件

技术性能可比性条件适用于对多台同型号破碎机的性能进行比较。考虑到破碎机的生产能力包括破碎产品的数量与质量两个方面，因此除比较破碎机的生产能力 Q 外，还必须对产品的粒度组成进行定量分析。

以 ГОСТ 7084—80 标准中破碎产品的粒度组成曲线作为定量分析的依据，实测发现，当破碎机性能良好时，破碎产品的最大粒度一般很少会超过此时的公称开边排料口宽度。因此，若把筛孔的最大直径定为公称开边排料口宽度，则在 ГОСТ 7084—80 给定的产品粒度组成标准曲线上，各相邻两筛筛孔直径的平均值即表示对应破碎产品的平均粒径。按标准曲线可得到各筛孔直径段破碎产品的产率（见表 5-4）。将该表数值代入式（5-8），可计算出破碎产品要求的标准等值粒度，即

$$D_{eq} = 0.34b \tag{5-18}$$

式中　D_{eq}——破碎机标准中换算得到的产品等值粒度，mm；

　　　b——公称开边排料口宽度，mm。

表 5-4　ГОСТ 7084—80 产品粒度组成曲线的各尺寸段产率

筛孔直径与公称排料口宽度之比	0~0.1	0.1~0.2	0.2~0.3	0.3~0.4	0.4~0.5	0.5~0.6	0.6~0.7	0.7~0.8	0.8~0.9	0.9~1.0
各筛孔尺寸段破碎产品的产率/%	34	18	8	7	6	6	7	5	6	3
产品平均粒径与公称排料口宽度之比	0.05	0.15	0.25	0.35	0.45	0.55	0.65	0.75	0.85	0.95

当破碎产品实测的等值粒度 d_{eq} 不大于标准等值粒度 D_{eq} 时，则破碎产品粒度达标。显然，当动颚下部行程增大时，可以提高生产能力。但过大的下部行程将使产品粒度变大，因而会降低破碎产品的质量。因此，此项规定可以抑制不顾产品质量而单纯追求提高生产能力的倾向。

在拟定可比性条件时，应量化指标使其具有可比性。因此，各单项指标必须用能表示达标程度的指数表示。若达到标准值，则规定该单项指标的指数为100；超过（或不足）标准值的部分，按线性关系减小（或增大）其指数值。由此得到各指数值的计算公式。

（1）生产能力指数 K_q：

$$K_q = 100\left(1 + \frac{Q - Q_0}{Q_0}\right) \tag{5-19}$$

式中，Q、Q_0 分别表示公称开边排料口宽度下破碎机生产能力的实测值与标准值。

（2）功耗指数 K_N：

$$K_N = 100\left(1 + \frac{P_0 - P}{P_0}\right) \tag{5-20}$$

式中，P、P_0 分别表示公称开边排料口宽度下。破碎 $[\sigma_B] = 11$ MPa 或 $[\sigma_p] = 220$ MPa 的物料时的功耗实测值与标准值。

（3）产品粒度指数 K_d：

$$K_d = 100\left(1 + \frac{D_{eq} - d_{eq}}{D_{eq}}\right) \tag{5-21}$$

式中　D_{eq}——破碎产品的标准等值粒度，$D_{eq} = 0.34b$，b 为公称开边排料口宽度，mm；

　　　d_{eq}——实测的破碎产品等值粒度。

（4）机器单质量指数 K_{mq}：

$$K_{mq} = 100\left(1 + \frac{m_{q0} - m_q}{m_{q0}}\right) \tag{5-22}$$

式中，m_q、m_{q0} 分别表示机器单质量的实测值与标准值。

为量化机器的性能评价指标，将各单项指数线性组合成一个评价机器性能的综合指数 K，K 值越高表明机器的性能越好。各单项指数的系数则反映各指数在评价机器性能中的重要程度。显然，评价机器性能的最重要指标是生产能力，其次是功耗，再次是产品的质量。

评价机器性能优劣的综合指数 K 按下式计算：

$$K = a_1(K_q + K_N) + a_2(K_d + K_{mq}) \tag{5-23}$$

式中，a_1、a_2 均为各单项指数的重要程度系数，称为加权因子，其中 $a_1 = 0.3$，

$a_2 = 0.2$。

在式（5-23）中，若各单项指数正好达标，即各单项指数均为 100，则综合指数 K 的计算值也为 100。

例 5-1 测得 PE250×400 颚式破碎机在公称开边排料口宽度 $b = 40$ mm 时的参数值为石料抗压强度 $\sigma_p = 196.9$ MPa，生产能力 $Q = 7.98$ m³/h，功耗 $P_{cm} = 12.61$ kW，破碎产品等值粒度 $d_{eq} = 10.17$ mm，机器质量 $m = 2.45$ t。试鉴定该机器的技术性能。

解：（1）查表得该机的标准参数 $Q_0 = 7.5$ m³/h，$P_0 = 18.5$ kW，单位功耗 $p_{q0} = 2.4$ kW·h/m³，机器单质量 $m_{q0} = 0.4$ t·h/m³，由式（5-18）计算出产品标准等值粒度 $D_{eq} = 0.34b = 13.6$（mm）。

（2）达标条件评价。由于石料的 $\sigma_B = [\sigma_B]$，因此功耗的实测值应作如下变换：

$$P = P_{cm} \frac{[\sigma_B]}{\sigma_B} = \frac{12.6 \times 220}{196.9} = 14.08 \ (kW)$$

机器单质量实测值：

$$m_q = \frac{m}{Q} = \frac{2.45}{7.98} = 0.31 \ (t \cdot h/m^3)$$

由于 $Q > Q_0$，$P < P_0$，$d_{eq} < D_{eq}$，$m_q < m_{q0}$，故该破碎机为全面达标产品。

（3）计算综合指数 K。先按式（5-19）~式（5-22）分别计算各单项指数：

生产能力指数：

$$K_q = 100 \left(1 + \frac{Q - Q_0}{Q_0} \right) = 100 \times \left(1 + \frac{7.98 - 7.5}{7.5} \right) = 106.4$$

功耗指数 K_N：

$$K_N = 100 \left(1 + \frac{P_0 - P}{P_0} \right) = 100 \times \left(1 + \frac{18.5 - 14.08}{18.5} \right) = 123.9$$

产品粒度指数

$$K_d = 100 \left(1 + \frac{D_{eq} - d_{eq}}{D_{eq}} \right) = 100 \times \left(1 + \frac{13.6 - 10.17}{13.6} \right) = 125.2$$

机器单质量指数：

$$K_{mq} = 100 \left(1 + \frac{m_{q0} - m_q}{m_{q0}} \right) = 100 \times \left(1 + \frac{0.4 - 0.31}{0.4} \right) = 122.5$$

综合指数：

$$\begin{aligned} K &= 0.3(K_q + K_N) + 0.2(K_d + K_{mq}) \\ &= 0.3 \times (106.4 + 123.9) + 0.2 \times (125.2 + 122.5) \\ &= 118.63 \end{aligned}$$

显然,由于该破碎机各单项指标均已达标,因此其综合指数必然大于100。值得注意的是,由于综合指数只是表示破碎机各项指标达标程度的综合数值,因此当某些单项指标不能达标时,其综合指数不一定小于100。所以综合指数的大小,只用于同型号破碎机间技术性能的比较,不能作为衡量机器技术性能是否全面达标的依据。

例 5-2 6台PE150×250颚式破碎机的技术性能参数实测值见表5-5。试对其技术性能进行评价。

解:(1)标准参考值 $Q_0 = 3.0 \text{ m}^3/\text{h}$, $P_0 = 7.5 \text{ kW}$, $m_0 = 1.5 \text{ t}$, $b = 30 \text{ mm}$, $P_{q0} = 2.5 \text{ kW} \cdot \text{h/m}^3$, $m_{q0} = 0.5 \text{ t} \cdot \text{h/m}^3$。破碎产品的标准等值粒度 $D_{eq} = 0.34b = 10.2 \text{ mm}$。

(2)达标条件评价。通过比较测定值与参数标准值可知,所有方案均未全面达标。

表 5-5 **PE150×250 型颚式破碎机技术性能测定值**

方案号	生产能力 $Q/\text{m}^3 \cdot \text{h}^{-1}$	功耗 P/kW	产品等值粒度 d_{eq}/mm	破碎机单位质量 $m_q/\text{t} \cdot \text{h} \cdot \text{m}^{-3}$	单位功耗 $p_q/\text{kW} \cdot \text{h} \cdot \text{m}^{-3}$
1	3.16	3.28	13.32	0.48	1.04
2	3.11	1.38	15.52	0.48	1.41
3	2.92	5.02	11.78	0.51	1.72
4	2.16	3.73	18.30	0.61	1.52
5	1.99	4.77	15.80	0.75	2.40
6	1.86	4.91	18.59	0.81	2.64

(3)计算综合指数 K。按式(5-19)~式(5-23)分别计算各方案的单项指数与综合指数,结果列于表5-6。由表5-6可知,各破碎机技术性能优劣排序正好与方案号排序相同。

表 5-6 **PE150×250 型颚式破碎机技术性能指数**

方案号	生产能力指数 K_q	功耗指数 K_N	产品粒度指数 K_d	破碎机单位质量指数 K_{mq}	综合指数 K
1	105.3	156.3	69.4	104.0	113.16
2	103.8	141.6	47.8	104.0	103.98
3	97.3	133.1	55.1	98.0	99.74
4	82.0	150.3	20.6	78.0	89.41
5	66.3	136.4	45.1	50.0	79.83
6	62.0	134.5	17.7	38.0	70.10

例 5-2 中方案 1 和方案 2 破碎产品的粒度未达标，但其综合指数均大于 100，可见在通常情况下，不能用综合指数说明破碎机技术性能的达标程度。分析表 5-5 功耗项发现，各方案的实测功耗远小于标准规定的功耗（$P_0 = 7.5$ kW），这说明标准规定的 PE150×250 颚式破碎机的电机功率偏大，这也是方案 1 和方案 2 技术性能未全面达标而综合指数大于 100 的原因。

5.5　颚式破碎机机械强度的测定

5.5.1　测定的目的与方法

颚式破碎机机械强度的测定，是指对颚式破碎机的主要零部件如机架、动颚、曲轴和肘板等的机械强度与破碎力及其分布规律进行的测定。尽管我国设计破碎机已有近半个世纪的历史，但在设计中大都引用的是国外有关资料中的数据，由于设计数据的局限性，使得设计要求与实际情况相差甚远，因此破碎机运转中经常发生机件开裂、折断破坏等事故。通过测定颚式破碎机的机械强度，不但可以查明事故原因以便采取改进措施，而且可以积累符合我国破碎机结构特点的第一手资料和数据，从而建立结合实际的机械强度设计计算方法，设计出安全可靠、结构轻便的破碎机。

机械强度大都采用电阻应变片测定。电阻应变片是一种外层裹有绝缘薄片，由合金细丝构成的变形敏感元件。将电阻应变片用化学胶水粘贴在打磨平整和清洗干净的被测物件上，当被测物件受力发生变形时，粘贴在其上的电阻应变片的电阻丝也会发生相同的变形。因为电阻丝截面改变其电阻值也会随之发生改变，所以电阻丝内通过的电流与被测物件的受力相对应。通过二次仪表（如应变仪）将其电流信号放大，并用机械标定（如采用等强度梁进行标定）的方法，测定电流与应力的比例，就可以通过测得的电阻片的电流信号，求得被测物件的应力。收集的应力信号既可以用示波器和磁带机记录后再用计算机进行分析，也可以用 A/D 转换板转换为数据后再用单板机进行处理。有关电阻应变片、信号标定、记录及信号处理等方面的较详尽的知识，可参考有关专业文献。

5.5.2　破碎力的测定

破碎力的大小及其作用点的位置是破碎机结构设计的依据，也是选择原动机功率必不可少的计算参数。如前所述，现在采用的各种破碎力计算公式计算出的破碎力数值相差甚远，给确定计算载荷进行结构设计带来了很多困难，而且这些公式计算出的破碎力与实测破碎力有很大的误差。因此，应该导出一个比较符合实际情况的破碎力计算公式来作为破碎机设计的依据，这就必须对各型号破碎机在不同工况条件下的破碎力进行测定。

5.5.2.1 破碎力的测定方法

破碎力是破碎腔内随机变化的物料破碎抗力的合力。从强度和功耗计算的角度出发,需要测定的是破碎力的大小及其作用点的位置。如果同时测得曲轴的转角,还可以发现曲轴转一圈的过程中破碎力随转角的变化规律。

可以采用直接测定法和间接测定法进行破碎力的测定。

(1) 直接测定法。将 4 个已在压力机上进行过机械标定的压力传感器 (简称压头) 固定在机架前墙上,并用球面垫将固定颚顶起;破碎机作业时,破碎腔中物料的破碎抗力就会通过固定颚、球面垫传到 4 个压头上,测出压头的应变信号,就可以计算出破碎力及其作用点的位置。这种测定方法具有较高的精度,但缺点是需要加工专门的压力传感器及其附件并进行标定,还需对机器前墙进行修配性加工以能安装压头。

(2) 间接测定法。这种测定方法是通过测定某些零部件上的应力来计算破碎力及其作用点的位置,其最大优点是不需要加工专门的测试元件,也不需要对破碎机进行修配性加工。间接测定法又分为侧墙应力测定法和动颚肘板应力测定法两种。

1) 侧墙应力测定法。测出侧墙应力及其分布,据此计算出的侧墙总拉力就是破碎力。如图 5-4 所示,在两个侧墙上各贴一组电阻片,分别测出侧墙上各测

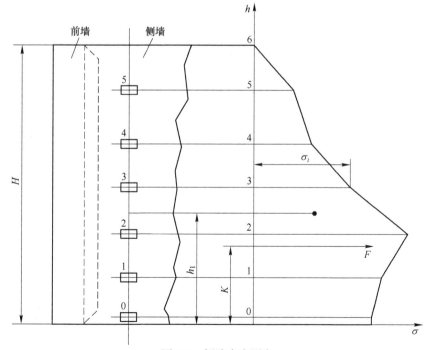

图 5-4 侧墙应力测定

点的应力，然后画出侧墙应力随破碎腔高度的分布曲线。根据测得的应力求出应力平均值 σ_{Ψ}，再由式（5-24）和式（5-25）分别计算出破碎力 F 及其作用点位置的尺寸 K。

$$\sigma_{\Psi} = \sum_{i=0}^{n} \frac{\sigma_i}{n}$$

$$F = 2\sigma_{\Psi}A \tag{5-24}$$

$$K = \frac{\sum_{i=1}^{n} h_i(\sigma_{i-1} + \sigma_i)}{\sum_{i=1}^{n} (\sigma_{i-1} + \sigma_i)} \tag{5-25}$$

式中　σ_i——各测点的应力，Pa；

　　　n——各边侧墙的测点数；

　　　A——各边侧墙的截面积，m^2；

　　　h_i——由应力 σ_i 与 σ_{i-1} 包围的面积的形心距侧墙底边的距离，m；

　　　K——破碎力 F 的作用点距侧墙底边的距离，m。

用侧墙应力法测定破碎力应注意以下几点：

① 在侧墙的内外侧对应点各贴 1 个电阻片，并将 2 个电阻片串接成 1 个测点，以消除可能出现的弯曲应力，使得测定值为纯拉应力；

② 为保护侧墙内侧的电阻片，应该在边护板与侧墙间留有间隙，且应该防止碎石落入；

③ 应该在测点与前墙间留有尽可能大的间隙，以免侧墙与前墙结合处的附加弯曲力矩影响测点拉应力的测定精度；

④ 此法适用于侧墙很少加肘板或不加肘板的等截面的简单结构。

2）动颚肘板应力测定法。测出肘板应力和动颚若干断面的应力，根据测定的应力换算出破碎力及其作用点位置。在固定颚下安装压头困难和侧墙应力无法精确测定（如侧墙为铸造加肘板结构）的情况下，采用此法是合适的。

如图 5-5 所示，通过设在动颚截面 I 和截面 II 的测点，测出动颚受弯曲时的应力，由此可以计算出这两个截面的弯曲力矩 M_1 和 M_2。

由肘板测点测出压应力，求得肘板推力 F_B，此时的肘板倾角为 α。设待求的破碎力 F 作用在 A 点，其距动颚轴承中心 O 的距离为 x，F_J 为物料对动颚的摩擦力，各力对动颚轴承中心 O 取矩 $\sum M_O = 0$，则

$$F_x = F_B h_c \sin\alpha + F_B l \cos\alpha + F_J h_O$$

设动颚从截面 I—I 处截断，用截面 I—I 处的弯矩 M_1 代替应力值，各力对该截面的形心 S_1 取矩 $\sum M_{S_1} = 0$，则

$$M_1 = F_B(h_c + h_1)\sin\alpha + F_B(l - l_1)\cos\alpha + F_f(h - h_1) - F(x - l_1)$$

以上两式联立，得

$$F = \frac{M_1 + F_B l_1 \cos\alpha - F_B h_1 \sin\alpha}{l_1 - f h_1}$$

$$x = \frac{(l_1 - f h_1)(F_B h_c \sin\alpha + F_B l \cos\alpha)}{M_1 + F_B l_1 \cos\alpha - F_B h_1 \sin\alpha} + fh \qquad (5\text{-}26)$$

式中　　f——物料与动颚间的摩擦系数，可取 $f = 0.21 \sim 0.24$；

$\quad\quad F_B$——由肘板应力计算出的肘板推力；

$\quad l, l_1$——分别为 F_B 的作用点 B、截面的形心 S_1 距动颚轴承中心 O 的垂直
距离；

$\quad\quad h_c$——F 的作用点 B 距动颚轴承中心 O 的水平距离；

$\quad h, h_1$——分别为 F 的作用点 A、截面的形心 S_1 距动颚轴承中心 O 的水平距离。

将截面Ⅱ的有关参数（M_2、h_2、l_2）代入式（5-26），也可计算出破碎力及
其作用点的位置。两组数值可以相互校验。

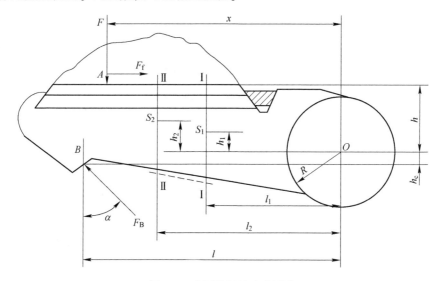

图 5-5　动颚肋板的应力测定

5.5.2.2　破碎力测定结果分析

破碎力的大小及其作用点的位置取决于待破碎物料的物理力学性质、块度组
成、装料装置、颚板的结构及齿形、破碎机的排料口尺寸等多种因素。测定破碎
力的目的，不完全是为了确定其数值大小，还在于确定其变化规律及各因素对它
的影响，从而可以根据主要影响因素及其测定值来导出它的实验分析计算公式，
为设计破碎机提供依据。测定结果表明，在动颚的一个运动循环中，破碎力从零
变到最大，再由最大变到零，有破碎力的运动时间与物料破碎阶段基本对应，其

作用点的位置也沿腔高方向往复移动 1 次，无破碎力的运动时间与破碎腔的排料阶段基本对应。表 5-7 列出了几种破碎机在不同情况下的破碎力测定结果。其他型号破碎机的破碎力测定结果和变化规律大致相同。

表 5-7　颚式破碎机破碎力的测定数据

机　型	排料口宽度/mm	石料及其抗拉强度/MPa	齿板情况	破碎力/kN		
				F_{max}	F	F_{cm}
PE150×250	18	花岗岩，197	双新齿板	244	178.9	—
PE250×400	20	青石，183	双新齿板	676.2	529.2	392.0
	25		平板	764.4	607.6	500.0
	40		双新齿板	519.4	401.8	362.6
	60		齿峰相对	431.2	392.0	—
PE400×600	40	青石，183	双旧齿板	1490	1264	1068
	30		双旧齿板	1480	1166	1323
PE250×400	80	石灰石，200	双新齿板	264.6	176.4	—
	80	青石，183	双新齿板	421.4	313.6	—

经统计分析测定结果，发现破碎力有如下规律。

（1）若以曲轴垂直向下为起始位置，并按逆时针方向度量曲轴的转角 ϕ_1，破碎力的变化区间与曲轴转角 60°～240° 的变化对应，其他转角区间无破碎力。最大破碎力 F_{max} 出现在 $\phi_1 = 150°～160°$ 处。

（2）各种破碎机的破碎力分布情况大致相同，最大破碎力的作用点位置 K 一般在破碎腔的中下部，即在 $K = (1/3～1/2)H$ 处。

（3）最大破碎力 F_{max} 是指破碎过程中可能产生的破碎力的最大值，满载破碎力 F 是指破碎机在满负荷下工作时较大破碎力的平均值，平均破碎力 F_{cm} 是指破碎机在满负荷下工作时破碎力的平均值。一般情况下各破碎力有如下大致比例：

$$K_{pcm} = \frac{F_{max}}{F_{cm}} = 1.35 ～ 1.45$$

$$K_p = \frac{F_{max}}{F} = 1.25 ～ 1.35 \tag{5-27}$$

（4）排料口尺寸较小时，破碎腔内物料的填充度增高，测得的破碎力较大。当采用旧齿板时，物料大多是挤压破坏，测得的破碎力也较大。因此要测定最大破碎力，应将破碎机调整到最小排料口并采用旧齿板进行测定。若采用新齿板测定破碎力，则测得的破碎力应乘以齿板磨损系数 K_m 才能得到该破碎机的最大破碎力，一般齿板磨损系数 $K_m = 1.2～1.4$。

6 环锤式碎煤机机型与性能

6.1 HCSZ（φ800）环锤式碎煤机

HCSZ-100 型和 HCSZ-250 型环锤式碎煤机是针对火力发电厂设计制造的单侧打盖轻型碎煤设备，适用于烟煤、无烟煤及褐煤等的破碎，也可用于建材、冶金和化工等行业，用于破碎各种中硬度脆性物料，如炉渣、石灰石等。

6.1.1 技术参数与特性

HCSZ（φ800）环锤式碎煤机的技术参数见表 6-1。

表 6-1 HCSZ（φ800）环锤式碎煤机的技术参数

参　　数		HCSZ-100 型	HCSZ-250 型
生产能力/t · h⁻¹		100	250
最大入料粒度/mm		≤300	≤350
出料粒度/mm		≤25	≤30
转子	直径/mm	800	
	工作长度/mm	670	1130
	线速度/m · s⁻¹	30.6	
	回转质量/kg	1036	1552
	飞轮矩/N · m²	1960	3028
	扰力值/N	6027	16297
环锤	数值	4 排	
		齿环 22 个/圆环 22 个	齿环 38 个/圆环 38 个
	质量/kg	齿环 8.2 个/圆环 9.4 个	
电动机	型　号	Y315M2-8	Y315L1-8
	功率/kW	75	110
	电压/V	380	380
	转速/r · min⁻¹	750	750
	防护等级	IP54	IP54

参　数		HCSZ-100 型	HCSZ-250 型
液力耦合器	型　号	YOX750	
	输入转速/r·min⁻¹	750	
	传递功率范围/kW	44~136	
	过载系数	2~2.5	
	效率/%	96	
	质量/kg	350	
外形尺寸（长×宽×高）/mm×mm×mm		1765×2085×1160	2282×2085×1310
碎煤机质量/kg		4000	5510

注：以上配置为基本配置，可以根据煤质及用户要求采用不同的配置。

本机具有功耗比低，振动、噪声及鼓风量小，适应性强，产品粒度均匀且可调，使用安全可靠，维护方便和能排除杂物等优点，是一种性能优越的碎煤设备。

6.1.2　工作原理与结构

6.1.2.1　工作原理

本机采用交流电机直接驱动。物料由入料口进入破碎腔后，首先因受到高速旋转转子上环锤的冲击而被破碎，已破碎物料落到筛板上后，进一步受到环锤的剪切、挤压、滚碾和研磨而被破碎到所需粒度，然后从筛板孔中排出；少量留在筛板上不能破碎的物料如铁块、木块及其他杂物，则被拨到除铁室内，定期清除。

6.1.2.2　结构

如图 6-1 所示，本机主要由机体 1、机盖 2、转子 3、筛板架组件 4、筛板架调节机构 5 等组成，电机通过液力耦合器直接驱动转子。

A　机体和机盖

机体和机盖全部采用钢板焊接结构，由铰链连接，螺栓紧固。需要开启机盖时，卸下结合面上的紧固螺栓，拆下主轴伸出处的卡板和端盖，便可打开机盖。机体上设有前门，在更换筛板和碎煤板时可将筛板架组件从此门吊出。机盖上设有除铁室，用以收集不能被破碎的物体。机体和机盖上共有 2 个用于观察机内情况的检查门，可在停机时打开。机体和机盖内壁装有耐磨损防护衬板，此外可以根据用户要求，在机体前面加设旁路给料斗。

B　转子

转子由主轴及装在其上的两个圆盘、数个摇臂、间隔环、齿环锤、圆环锤等

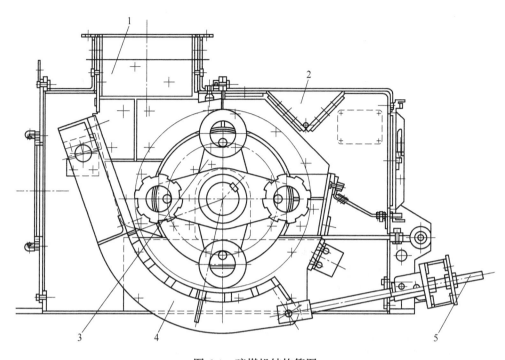

图 6-1　碎煤机结构简图
1—机体；2—机盖；3—转子；4—筛板架组件；5—筛板架调节机构

组成。摇臂分两排成 90°交错安装。齿环锤和圆环锤顺序交错套穿在穿过摇臂和圆盘的 4 根环轴上。主轴及装在其上的各部件由圆盘外的两个锁紧螺母紧固，套筒上的左旋叶片和右旋叶片可形成负压，有利于轴端密封。主轴两边装有双列向心球面滚子轴承，轴承座采用油脂润滑，轴承采用迷宫式密封。

C　筛板架组件

筛板架组件包括碎煤板和大小筛板等。筛板架为焊接结构，碎煤板和大小筛板分别由高、中锰钢铸成，用方头螺栓紧固在筛板架上。筛板架组件一端靠筛板架轴挂在机体内的支座上，用卡板定位；另一端靠其下部的耳孔，通过铰接轴与筛板架调节机构的连接叉头相连。

D　筛板架调节机构

本机具有左右两套筛板架调节机构，同步动作，均由连接叉头、丝杠、螺母、调节器等组成。当需要调节出料粒度时，即在需要调节筛板内弧面与环锤旋转轨迹圆之间的距离时，先松开丝杠外端的两个螺母，再拧第 3 个螺母，直至获得所需的出料粒度，然后紧固外端的两个螺母。

6.1.3　机器的润滑

本机在发货前，轴承部分未注润滑脂，为防止运输和储存过程中产生锈蚀仅涂有防锈油。在使用本机之前，应将防锈油除掉，并将轴承清理干净。

本机必须润滑的部位如下。

（1）转子两端的轴承。将二硫化钼锂基润滑脂注入轴承座内腔，注入量为内腔的 2/3。润滑脂必须干净，并应定期更换。一般每 3 个月加润滑油 1 次，每年至少清洗轴承 2 次，并全部换注新润滑油。

（2）筛板架调节机构的丝杠和螺母的旋合面。应在其上涂 1 层润滑脂。

6.1.4　机器的安装、调整和试车

6.1.4.1　机器的安装和调整

（1）在安装之前，应对照安装基础图找到基础上的地脚螺栓位置并确认无误后，方可安装。

（2）基础地面应该平整，机体底板与混凝土之间应该先留一定的间隙，用垫铁调整合适后，再通过二次灌浆进行稳固。

（3）机器就位后，应从两个方向找水平，其中主轴轴向水平误差不得大于万分之一毫米，机体纵向水平误差不得大于万分之五毫米。

（4）机体和机盖的结合外面，应严格密封，机内杂物应清除干净。

（5）环锤旋转轨迹与筛板内弧面的间隙，开车前应调至 25~30 mm。

6.1.4.2　液力耦合器的安装

（1）在安装液力耦合器的过程中，不得使用铁锤类硬物击打设备外表。

（2）把液力耦合器输出轴孔套在碎煤机主轴轴端上。

（3）移动电机，将其轴端插入液力耦合器的主动联轴节孔中，保证两者的轴间间隙在 2~4 mm 之间。

（4）用平尺（光隙法）和塞尺分别检查电机轴与碎煤机的同轴度和角度误差，其允许误差均应不大于 0.20 mm。

限矩型液力耦合器的安装如图 6-2 所示。

（5）柱销联轴器的安装。柱销联轴器的安装应参照《弹性柱销联轴器》（GB/T 5014—2017）进行，其轴向许用补偿量 $\Delta X = \pm 2$ mm，径向许用补偿量 $\Delta y = \pm 0.20$ mm，角向许用补偿量 $\Delta \alpha \leqslant 0°30'$。

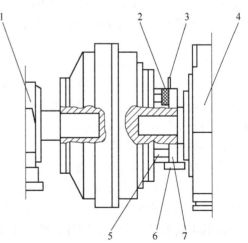

图 6-2　限矩型液力耦合器的安装简图
1—碎煤机；2—弹性块；3—塞尺；4—Y 系列电机；
5—从动联轴节；6—平尺；7—主动联轴节

6.1.4.3 机器的试车

A 试车前的准备工作

（1）检查地脚螺栓及各紧固螺栓是否松动。

（2）检查转子的旋转方向是否正确，参见图6-3。

（3）盘车2~3 r，观察是否有卡阻现象。

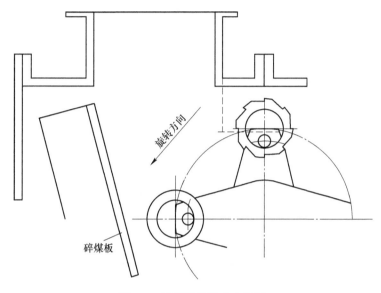

图6-3 转子的旋转方向简图

B 空载试车

（1）开车后，机体应无明显振动。

（2）运行4 h后，轴承温度不超过80 ℃。

（3）运行中应无金属撞击声。

（4）机器达到运行速度后，调节筛板与环锤的间隙。

C 负载试车

（1）空载试车成功后，将不大于最大进料块度的煤块加入碎煤室。给料应由少量开始，逐步增加到额定量。

（2）负载运行4 h后，停车再次检查各项要求，确认一切正常后，方可连续运行24 h。

6.1.5 机器的操作规程

（1）机器起动前应检查项目见6.1.4.3节内容。

（2）机器必须空载起动，待达到额定转速后，再给煤，不允许带负荷起动。

（3）电机冷态起动8~18 s，最多连续起动两次，每次间隔时间不少于15 min。

（4）运行中应经常检查是否有不正常的撞击声和摩擦声及强烈振动。

（5）出料粒度用随机附带的专用扳手拧调节器的螺母来调节：顺时针方向拧时，出料粒度由大变小；逆时针方向拧时，出料粒度由小变大。

（6）当给料的含水量过大，经常引起碎煤机堵塞时，可拆掉靠除铁室的一块大筛板。

（7）机器停转后，打开各检查门，清除除铁室内的杂物和清理筛板上的炮线类悬挂物，之后关闭并紧固各检查门。

6.1.6 机器的维护和故障排除

6.1.6.1 维护

（1）应该经常检查各紧固件是否松动，润滑部位是否良好。

（2）当环锤磨损过大导致碎煤效率变低和环锤断裂导致振动加剧时，应更换环锤。

（3）碎煤板和大小筛板磨损到仅有20mm厚时，应更换。

6.1.6.2 常见故障及其排除方法

碎煤机常见故障及其排除方法见表6-2。

表6-2 碎煤机常见故障及其排除方法

故障类型	原 因	排 除 方 法
碎煤机振动	1. 环锤及环轴失去平衡； 2. 环锤折断失去平衡； 3. 轴承在轴承座内间隙过大； 4. 耦合器与主轴、电机轴的安装不紧密，同轴度误差过大； 5. 给料不均匀，造成环锤磨损不均匀，失去平衡	1. 重新选装平衡环锤和环轴； 2. 更换环锤； 3. 重新调整； 4. 重新调整； 5. 调整给料装置
轴承温度超过80 ℃	1. 滚动轴承游隙过小； 2. 润滑脂已变质； 3. 润滑脂不足	1. 更换大游隙轴承； 2. 更换润滑脂； 3. 填注或更换润滑脂
碎煤室内产生连续敲击声	1. 不易破碎的异物进入了破碎室； 2. 筛板松动，环锤打在其上发出声响； 3. 环轴磨损太大	1. 清除异物； 2. 紧固螺栓螺母； 3. 更换新环轴

故障类型	原　因	排 除 方 法
排料中大于 30 mm 粒径的煤块明显增加	1. 筛板与锤环间隙过大； 2. 筛板格栅有折断处； 3. 环锤磨损过大	1. 重新调整筛板间隙； 2. 更换筛板； 3. 更换环锤
产量明显降低	1. 给料不均匀； 2. 筛板格栅孔堵塞	1. 调整给料装置； 2. 清理筛板格栅孔，检查煤的含水量和含灰量

6.1.7　安全技术

（1）给料应布满转子全长且均匀，不允许带进较大的金属块、木块或易引起堵塞的纤维织物。

（2）严禁带负荷启动。

（3）不允许增加转子转速。

（4）运行中若发现轴承温度超过 80 ℃，或出现强烈振动、转速降低、电流迅速增大等现象，应立即停车检查。

（5）运行中严禁开启各检查门。

（6）开启机盖前，应检查垂直和水平法兰上的紧固螺栓是否已全部拆掉，以及轴端密封端盖是否已拆掉。

6.1.8　主要零部件的更换

6.1.8.1　筛板的更换

筛板需要更换时，可按下面的方法进行。

（1）卸下结合面处的所有螺母、螺栓，用起吊装置将机盖旋转 90°并将其垫好。

（2）卸下碎煤机前门板上的螺母、螺栓，移去前门板。

（3）在筛板架与机体之间用一钢丝绳紧紧托住其组合件，以便将其与调节装置分开。

（4）拆下铰接轴上的堵头及弹簧和垫圈，将铰接轴插入筛板孔内，用起重绳索缠好。

（5）卸下筛板架轴上面的定位块，然后将筛板架组件，从碎煤机前门吊出，如图 6-4 所示。

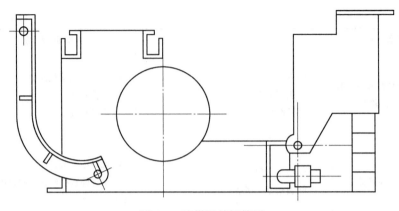

图 6-4　碎煤机前门简图

用这种方法更换筛板，不需要搬动转子组合件。

6.1.8.2　环锤的更换

当仅靠调整碎煤板、大小筛板与环锤的间隙，再也不能获得需要的碎煤粒度时，应立即更换环锤。更换环锤的步骤如下。

（1）拆除机体和机盖结合面处的紧固螺栓。

（2）拆除转子主轴伸出处的端盖及卡板，开启机盖。

（3）转动转子，使转子上排环锤对准开口处。

（4）卡住转子，使其不能转动。

（5）卸下环锤轴外侧的轴端盖。

（6）用铜棒及手锤敲打环锤轴使其松动，并从轴向拉出。

（7）当环锤轴从圆盘的轴向孔中抽出时，即可依次取下旧环锤。

（8）逐个测新环锤的质量，并记录在环锤上和记录单上。

环锤更换后，要求相对应的两排环锤，即第 1 排和第 3 排环锤，第 2 排和第 4 排环锤应平衡，其总误差应小于 150 g，这是最简单的方法，但可能引起振动问题。假如对应的两排环锤中，只有两个环锤不平衡，而这两个环锤又正好位于转子的两端，这样就会产生动不平衡，如图 6-5 所示。

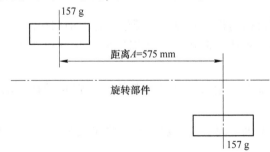

图 6-5　转子平衡简图 I

如果不平衡，而其质量又相等，相距180°，这种情况，对于轴心线虽然是静平衡，但当其旋转（动态）时，每个不平衡的环锤都会产生旋转离心力，形成动不平衡力偶矩，则使转子轴在轴承内出现摇摆，所以距离 A 应尽量地减小。

上述所举例子是最简单的，倘若超过规定的情况，如有两排以上的环锤不平衡，则应按如下方法进行平衡，如图 6-6、表 6-3 和表 6-4 所示。

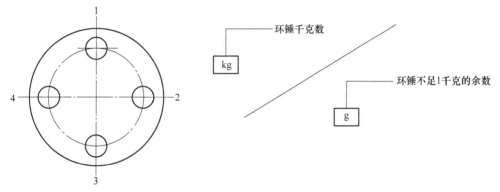

图 6-6　环锤质量比值图

表 6-3　初始环锤平衡 I

第1排	第3排
a 16/823	a′ 16/823
b 16/618	b′ 16/775
	→157
c 16/970	c′ 16/810
160←	
d 16/555	d′ 16/722
	→167
e 17/000	e′ 16/830
170←	
83/966	83/960

表 6-4　动态环锤平衡 I

第1排	第3排
a 16/823	a′ 16/823
e 17/000	c 16/970
30←	
d 16/555	b 16/618
	→63
b′ 16/775	d′ 16/722

第1排	第3排
53←	
c′ 16/810	e′ 16/830
	→20
83/963	83/963

注：表中字母为行标记符号，箭头和数字表示方向和质量差。

本机环锤在相应的两排上，每对环锤必须平衡，其质量误差应不大于150 g，表6-3是选择时的举例，总质量应该在允许误差范围内，但在平衡度上，仍非最佳，其环锤的平衡必须按表6-4重新排列。从表6-4可以看出，每排和每行上的环锤经过重新变换位置（符号标记）后，静平衡度和动平衡度均为最小。

6.1.8.3　轴承的更换

本机转子上采用的轴承为双列向心球面滚子轴承（自动调心型），轴承是否更换由检修人员确定。更换步骤如下。

（1）拆下机体轴端密封，打开轴承盖，将转子顶起并垫好，使其具有足够的空间，以便把轴承座卸掉。

（2）松开锁紧螺母，取下止退垫圈。

（3）利用拆卸工具，同时用紫铜棒敲打轴承内圈，直至将轴承拆下。

（4）将轴承清洗后直立放在清洁的平台上，用塞尺测量滚子与外套间的径向间隙，转动内套和滚子，测得4个滚子之间间隙的最小值并记录下来。

（5）用干净不起毛的布擦净轴承内孔和主轴轴颈。

（6）在主轴的轴颈表面与轴承的内孔表面均匀地涂上空心石墨粉，并擦好，特别是螺纹处应擦光亮，最后擦除多余的空心石墨粉，只保留薄薄的一层即可。

（7）将轴承装在主轴轴颈上，消除其轴向间隙；先用锁紧螺母轻轻固定，使轴承完全定位；止退垫圈暂时不装，以防损坏。

（8）轴承型号为3G3520，其游隙为0.1~0.135 mm。

（9）卸下锁紧螺母，装好止退垫圈，然后再装上锁紧螺母。装止退垫圈时应注意止退垫圈与其螺母开口的相对位置，若位置不合适，应进行调整，待位置调整合适后，撬起止退垫圈锁爪，置于锁紧螺母槽内锁好。在轴承外圈表面与轴承座内孔表面也须涂上一层空心石墨粉。轴承座与轴承盖应上下保持一体，位置对正后定位。轴承座与轴承盖的结合面处应保持清洁，其中之一可涂上一层润滑脂。

6.2　HCSZ-300、HCSZ-500、HCSZ-700型环锤式碎煤机

HCSZ-300、HCSZ-500、HCSZ-700型环锤式碎煤机的应用范围、优点、工作

原理、安装、润滑、试车、故障及排除、零部件更换等与6.1节基本一致，因此不再赘述。

6.2.1 技术参数

HCSZ-300、HCSZ-500、HCSZ-700型环锤式碎煤机的技术参数见表6-5~表6-7。

表6-5 HCSZ-300型环锤式碎煤机的技术参数

生产能力/t·h⁻¹	300				4排	
碎煤煤种	烟煤、无烟煤、褐煤		数量	齿环/个		12
最大入料块度/mm	≤300	环锤		圆环/个		10
出料粒度/mm	≤30		质量/kg	齿环		20.0
转子	直径/mm	1065		圆环		25.8
	长度/mm	824		型号		Y355L-8
	质量/kg	1882	电机	功率/kW		185
	线速度/m·s⁻¹	41.3		电压/V		380
	飞轮矩/kN·m²	6.0		转速/r·min⁻¹		750
	扰力值/kN	11.7		防护等级		IP54
基础设计	垂直载荷/kN	161.7	外形	长×宽×高/mm×mm×mm		2167×2840×1560
	水平载荷/kN	54.4		碎煤机质量/kg		7006

表6-6 HCSZ-500型环锤式碎煤机的技术参数

生产能力/t·h⁻¹	500				4排	
碎煤煤种	烟煤、无烟煤、褐煤		数量	齿环/个		14
最大入料块度/mm	≤300	环锤		圆环/个		14
出料粒度/mm	≤25		质量/kg	齿环		20.0
转子	直径/mm	1115		圆环		25.8
	长度/mm	1042		型号		YKK400-8
	质量/kg	2416	电机	功率/kW		220
	线速度/m·s⁻¹	43.2		电压/V		6000
	飞轮矩/kN·m²	12.5		转速/r·min⁻¹		743
	扰力值/kN	15.6		防护等级		IP54
基础设计	垂直载荷/kN	214.1	外形	长×宽×高/mm×/mm×/mm		2326×3040×1680
	水平载荷/kN	64.2		碎煤机质量/kg		8740

表 6-7   HCSZ-700 型环锤式碎煤机的技术参数

生产能力/t·h⁻¹		700			4 排	
碎煤煤种		烟煤、无烟煤、褐煤		数量	齿环/个	18
最大入料块度/mm		≤300	环锤		圆环/个	18
出料粒度/mm		≤25		质量/kg	齿环	20.0
转子	直径/mm	1115			圆环	25.8
	长度/mm	1320		型号	YKK450-8（IP54）	
	质量/kg	2855	电机	功率/kW	280	
	线速度/m·s⁻¹	43.2		电压/V	6000	
	飞轮矩/kN·m²	14.8		转速/r·min⁻¹	743	
	扰力值/kN	15.8		质量/kg	3580	
基础设计	垂直载荷/kN	396.9	外形	长×宽×高/mm×mm×mm	2630×3040×1645	
	水平载荷/kN	132.3		碎煤机质量/kg	9776	

表 6-5~表 6-7 中配置均为基本配置，可以根据煤质及用户要求采用不同的配置。

6.2.2　机器的结构

HCSZ-300、HCSZ-500、HCSZ-700 型环锤式碎煤机的与 6.1.2 节基本一致，本节只介绍不同之处。

HCSZ-300、HCSZ-500、HCSZ-700 型环锤式碎煤机的转子组合件的参数见表6-8。

表 6-8   HCSZ-300、HCSZ-500、HCSZ-700 型环锤式碎煤机的转子组合件的参数

型号	隔套数	摇臂数	齿锤数	圆锤数	轴承型号	备注
HCSZ-300	12	11	12	10	22224C/W33C3	
HCSZ-500	8	7	14	14	22228C/W33C3	
HCSZ-700	10	9	18	18	22228C/W33C3	

组合件的装配和拆卸方法如下。

（1）在装配和拆卸 HCSZ-300、HCSZ-500、HCSZ-700 型环锤式碎煤机的转子组合件时，应该先用起吊装置或液压开启装置开启机盖。机盖翻转后，应将其顶好。注意在装配（或拆卸）转子组合件时，应该后装（或卸下）拨料板，通过机体侧壁上的轴座大小筛板的弧形内腔吊入（或吊出）转子组合件。

（2）安装转子组合件防尘用的密封填料毡圈时，依靠半月形出轴端盖将其

紧紧压在轴上。装配和拆卸转子组合件的吊挂简图如图 6-7 所示。

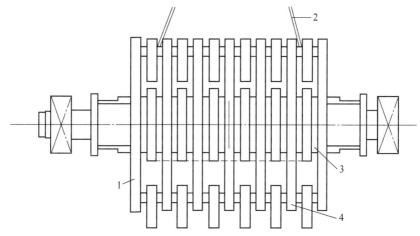

图 6-7　装配和拆卸转子组合件的吊挂简图
1—圆盘；2—吊索；3—隔套；4—摇臂

装配转子组合件时的注意事项如下。

（1）环锤上的齿向应和图 6-3 所示的转子的旋转方向一致。

（2）检验并校正转子驱动主轴与液力耦合器、电机法兰盘止口与轴的同轴度，否则会产生剧烈的振动。

（3）将卸下的拨料板装好，并用螺栓和螺母紧固。

（4）机盖关闭时，应在结合面上夹好密封垫，以防煤尘外溢。

（5）检查所有螺栓和螺母的紧固程度。

6.3　HCSZ-600、HCSZ-800、HCSZ-1000 型环锤式碎煤机

HCSZ-600、HCSZ-800、HCSZ-1000 型环锤式碎煤机的应用范围、优点、工作原理、安装等同 6.1 节。

6.3.1　技术参数

HCSZ-600、HCSZ-800、HCSZ-1000 型环锤式碎煤机的技术参数见表 6-9。

表 6-9　HCSZ-600、HCSZ-800、HCSZ-1000 型环锤式碎煤机的技术参数

参　数	HCSZ-600 型	HCSZ-800 型	HCSZ-1000 型
生产能力/t·h⁻¹	600	800	1000
最大入料粒度/mm	≤300	≤300	≤300
出料粒度/mm	≤30	≤30	≤30

参 数		HCSZ-600 型	HCSZ-800 型	HCSZ-1000 型
转子	直径/mm	1370		
	工作长度/mm	1500	1905	2481
	线速度/m·s⁻¹	42.6		
	质量/kg	5950	7022	8755
	飞轮矩/kN·m²	32.8	38.5	140.7
	扰力/kN	23.0	26.9	32.0
环锤	数量	4 排		
		齿环 16 个/圆环 14 个	齿环 20 个/圆环 18 个	齿环 26 个/圆环 24 个
	质量/kg	齿环 36 个/圆环 47 个		
电机	型号		YKK500-10	YKK560-10
	功率/kW	315	400	560
	电压/V	6000		6000
	转速/r·min⁻¹	594		594
	质量/kg	4060	4300	6210
	防护等级	IP54		
	冷却方法	空空冷却		
限矩型液力耦合器	型号	YOX1150		
	输入转速/r·min⁻¹	600		
	传递功率范围/kW	265~615		
	过载系数	2~2.5		
	效率/%	96		
	质量/kg	810		
外形尺寸（长×宽×高）/mm×mm×mm		3021×2900×2030	3405×2900×2030	4065×2900×2030
碎煤机质量/t		16.8	19.1	26.5

注：以上配置为基本配置，可以根据煤质及用户要求采用不同的配置。

6.3.2 传动方式

YKK 系列三相异步电机通过限矩型液力耦合器与环锤式碎煤机连接，能够对碎煤机及电机起到过载保护作用。与常见的传动方式相比，该传动系统可以配备较低的电机功率，达到节约投资降低能耗的目的。

6.3.3 结构

碎煤机由七大部分组成（见图6-8~图6-10），即机体组件1、机盖2、转子3、筛板架调节机构4、筛板架5、前门板6、衬板7（吊转子时须先拆掉）。

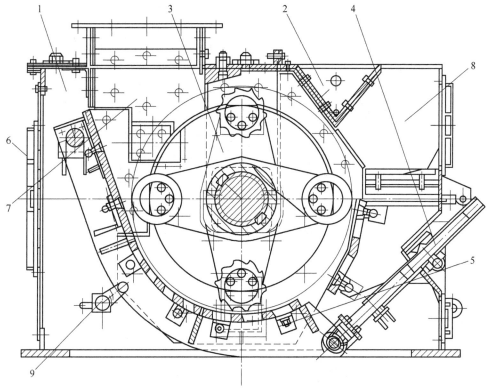

图6-8 碎煤机示意图（剖面图）

1—机体组件；2—机盖；3—转子；4—筛板架调节机构；5—筛板架；
6—前门板；7—衬板；8—除铁室；9—螺销轴

机体和机盖都是由钢板焊接而成的，通过铰链连接。机盖用起吊装置进行翻转开合。当需要更换环锤类零件时，应该先卸下结合面上的紧固螺栓，用起吊装置打开机盖，再从圆盘上拆下压盖，即可抽出环轴，更换环锤。

机体的前面设有前门板，用于更换筛板架类零部件。前盖板靠螺栓紧固在机体上。在机体的后部与筛板架相对应的位置安装一块拨料板，它在环锤圆周力的作用下，将不易破碎的物料拨入除铁室。除铁室底板为带孔的格栅，进入除铁室的碎煤可以通过格栅孔自行进入料仓，而留在格栅上的杂物及铁块，则可定时由检查门取出。机体和机盖的内壁上，均装有防护性耐磨衬板。

转子组合件由主轴、摇臂、间隔环、转子圆盘、齿环锤、圆环锤、环轴、锁

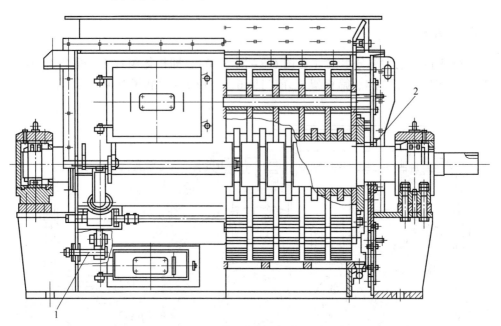

图 6-9 碎煤机主视图（剖面图）

1—锁紧机构；2—出轴端盖

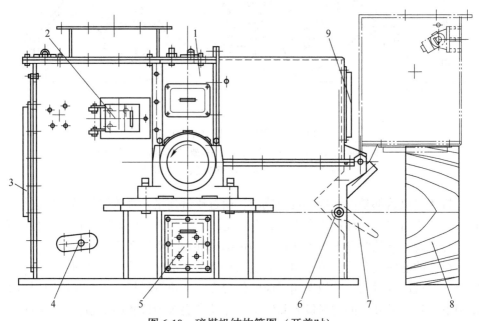

图 6-10 碎煤机结构简图（开盖时）

1—插板；2—上检查门；3—前门板检查门；4—锁紧机构；5—下检查门；
6—筛板与环锤间隙调节处；7—棘轮扳手；8—支撑物；9—除铁室检查门

紧螺母、双列向心球面滚子轴承、轴承座、键等零件组成。穿在 4 排环轴上的齿
环锤和圆环锤按一定顺序排列。出轴端轴承座Ⅱ中的轴承已固定，非出轴端轴承
座Ⅰ中的轴承可在轴向移动。转子组件结构如图 6-11 所示。

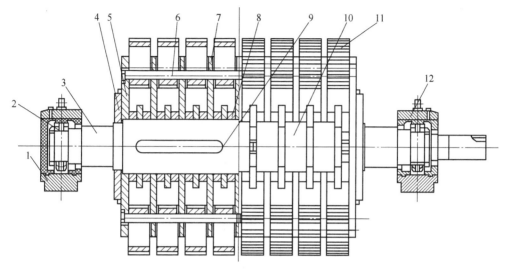

图 6-11 转子组件结构简图

1—轴承座Ⅰ；2—轴承；3—主轴；4—锁紧螺母；5—转子圆盘；6—环轴；
7—摇臂；8—间隔环；9—键；10—圆环锤；11—齿环锤；12—轴承座Ⅱ

筛板架是焊接部件，如图 6-8 所示。在弧形的筛板支架上，用方楔螺栓紧固
破碎板和大孔、小孔筛板。筛板架的上端用轴悬挂在机体两侧的支座内，下端通
过销轴与同步调节器连接。弧形板通过销孔与销轴的配合固定在机体侧板上（见
图 6-9），以保持筛板架工作时的稳定性。破碎板和筛板都是采用优质的耐磨材料
制作的，使用寿命长。

一套同步调节器有两个丝杠（见图 6-10），用套筒联轴器连接丝杠和电机。
当环锤与筛板之间的间隙需要调整时，可以通过先松开固紧螺母，再旋拧调节螺
母来驱动丝杠从而获得所需的间隙，以保证碎煤机的出料粒度。每个调节器由蜗
轮、蜗杆、丝杠、轴承及行程指示针和刻度尺等组成。刻度尺上的刻线数据即为
筛板间隙大小，单位为 mm。可以十分方便、迅速、准确地调节出料粒度。

6.3.4 碎煤机的操作规程

（1）启动前的准备工作：1）检查主轴轴承座的轴承是否加注了适量的润滑
脂；2）检查转子与筛板的间隙，用专用扳手顺时针拧调节器的螺母，以将出料
粒度应由大到小逐渐调整到要求的粒度；3）检查紧固件是否处于锁紧状态，破
碎腔内是否有异物，否则应及时处理；4）盘车 2～3 r，确保无卡阻现象；5）不

允许带负荷起动。

（2）起动：首先发出开车信号，然后起动电机。

（3）运转。

1）机器空载运转 1~2 min 后，如运转正常，方可投入运行。给料应均匀、连续，并分布于转子工作部分的全长上，以防电机负荷突然增加和机内不均匀磨损。

2）严禁铁件和其他不能破碎的物料进入机内，以免损坏设备和造成意外事故。机器在运行中严禁打开检查门进行任何清理、调整、检查等工作。

3）轴承最高温度不得超过 80 ℃。若超过 80 ℃，应立即停车，查明原因，妥善处理。

（4）停车：1）停止给料；2）破碎腔内的物料处理完毕后关掉碎煤机；3）停止排料。

（5）转子与筛板间隙的调整。转子与筛板之间的间隙，可根据需要进行调节。调节时，先松开机壳两侧的锁紧机构，如图 6-9 所示；再用棘轮扳手转动同步调节器，并观察间隙指示牌；调节好后，将锁紧机构重新锁紧。

（6）鼓风量的调节。风量调节装置装在上部体上，风量调节装置结构如图 6-12 所示。环锤式碎煤机在出厂前已装配好风量调节装置，且已考虑到它与破碎

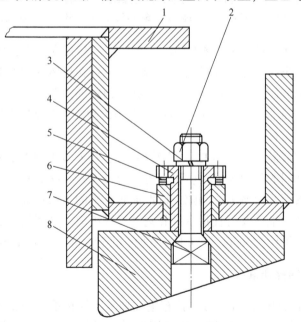

图 6-12　风量调节装置结构图

1—上部件；2—紧固螺母；3—弹簧垫圈；4—调节套筒；5—调整垫片；
6—固定座；7—方楔螺栓；8—防磨导风板

腔内循环气流间隙的匹配，能够满足碎煤机正常工作条件下的鼓风量要求。但当碎煤机运行工况发生变化或环锤与筛板磨损严重时，即用风速仪测得碎煤机入口和出口处鼓风量。超标时，应停机，然后按下列步骤调节鼓风量。

1）松开防磨导风板 8 的紧固螺母 2，但不能从方楔螺栓 7 上拆下。

2）松开调节套筒 4，按要求增减调整垫片 5（厚度有 2 mm、5 mm、8 mm、10 mm 等 4 种规格）。

3）调整垫片厚度时，推荐采用下列关系：

$$\delta_B = 1.25\delta_A \tag{6-1}$$

式中　δ_B——回流间隙，即风量板出口与环锤轨迹圆之间的间隙，mm；

　　　δ_A——环流间隙，即筛板与环锤轨迹圆之间的间隙，mm。

4）特殊工况下，应通过实验确定 δ_A 和 δ_B 的最佳组合。

5）调整好合适的间隙后，一定要将调节套筒 4 和紧固螺母 2 拧紧。

（7）清理。每班应在停机后打开检查门清理 1 次除铁室内的堆积物。

6.4　HCSC4 型和 HCSC6 型环锤式碎煤机

HCSC4 型环锤式碎煤机是专为火力发电厂输煤系统设计的系列碎煤机械，它可以高效经济地将原煤破碎到规定的粒度，供锅炉使用。同其他类型的碎煤机相比，该类碎煤机具有噪声小、粉尘小、功耗比低等优点。

6.4.1　技术参数

HCSC4 型和 HCSC6 型环锤式碎煤机的技术参数见表 6-10。

表 6-10　HCSC4 型和 HCSC6 型环锤式碎煤机的技术参数

参　　数		HCSC6 型	HCSC4 型
生产能力/t·h⁻¹		600	400
最大给料粒度/mm		≤300	≤300
出料粒度/mm		≤30	≤25
转子	直径/mm	900	
	工作长度/mm	1660	1180
	线速度/m·s⁻¹	44.8	
	质量/kg	3665	2785
	飞轮矩/kN·m²	10.0	7.7
	扰力/kN	36.0	27.3

参　　数		HCSC6 型	HCSC4 型
环锤	数值	4 排	
		齿环 26 个/圆环 26 个	齿环 18 个/圆环 18 个
	质量/kg	齿环 24.4/圆环 28.6	
电机	型　　号	YKK400-6	YKK400-6
	功率/kW	280	250
	电压/V	6000	6000
	转速/r·min⁻¹	990	990
	质量/kg	2610	2510
	防护等级	IP54	IP54
	冷却方法	空空冷却	空空冷却
限矩型液力耦合器	型　　号	YOX750	
	输入转速/r·min⁻¹	1000	
	传递功率范围/kW	170~330	
	过载系数	2~2.5	
	效率/%	96	
	质量/kg	350	
外形尺寸（长×宽×高）/mm×mm×mm		3060×2900×1500	2580×2900×1500
碎煤机质量/t		14.3	13.0

注：以上配置为基本配置，可以根据煤质及用户要求采用不同的配置。

6.4.2　设备工作原理

从给料皮带运来的原煤，均匀进入碎煤机破碎腔后，首先受到高速旋转环锤的冲击而被初碎；初碎的煤块高速撞击碎煤板和筛板后进一步被粉碎，同时煤块之间也相互撞击，落到筛板及环锤之间时又受到环锤的剪切、滚碾和研磨等作用而被粉碎到规定的粒度，然后从筛板的栅孔中排出；少量留在筛板上不能被破碎的物料如铁块、木块等杂物，在离心力的作用下，经拨料板被抛到除铁室内，定期清除。

6.4.3　设备结构

HCSC4 型、HCSC6 型碎煤机结构如图 6-13~图 6-15 所示。它由下机体、后机盖、中间机体、前机盖、转子、同步调节器、筛板架、出轴端盖、启闭液压系统等组成。

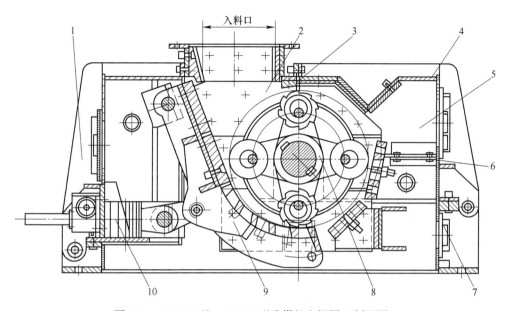

图 6-13　HCSC4 型、HCSC6 型碎煤机左视图（剖面图）

1—后机盖；2—中间机体；3—风量调节板；4—前机盖；5—除铁室；

6—拨料器；7—下机体；8—转子；9—筛板架；10—同步调节器

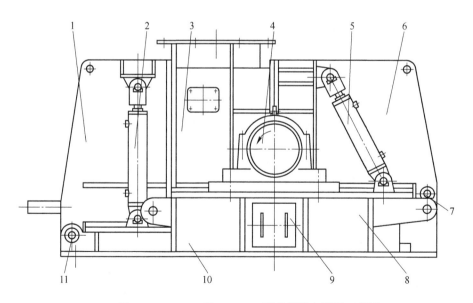

图 6-14　HCSC4 型、HCSC6 型碎煤机左视图（简图）

1，6—后机盖；2，5—油缸；3—中间机体；4—出轴端盖；

7，11—铰链轴；8—下机体；9—侧视门；10—找正用平面

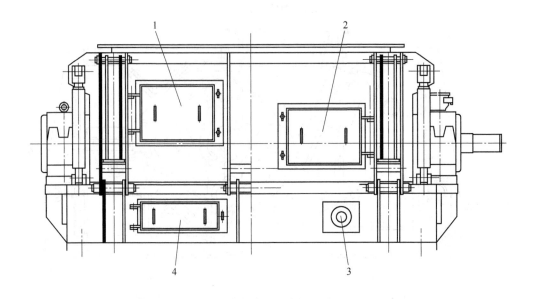

图 6-15　HCSC4 型、HCSC6 型碎煤机主视图（简图）
1—前上门；2—后视门；3—同步调节器；4—前下门

6.4.3.1　机体

机体包括下机体、后机盖、中间机体、前机盖 4 大部分，全部采用钢板焊接结构。下机体用来支撑，具有良好的刚性，在其支撑面上开有密封槽。中间机体的垂直法兰上也开有密封槽，内镶密封胶条。4 部分用螺栓、螺母联接。前后机体与下机体采用铰链轴联接，便于启闭。机体内装有 ZG50Mn2 材质的防磨衬板。设备入料口位于中间机体上方，在其喉部装有风量调节板，可以调整转子鼓风量。后机盖的上方有筛板架的挂轴支座。下机体和前机盖处均装有拨料板，用于清除异物。整机共设有 8 个检查门，便于维护、调整、检修和磨损检测。机体两端转子出轴处装有出轴端盖，内有毡封和胶封。

6.4.3.2　转子

在主轴上装有 1 组平键、2 个圆盘、数个十字交错的摇臂和 2 个隔套，由 2 个锁紧螺母紧固，且以止动块焊接放松。在 4 根环轴上装有顺序排列的齿环锤和圆环锤，用挡盖螺栓及弹簧垫圈限位。两轴承体为剖分式，轴承座内有 2 条环形槽，将内迷宫及闷盖定位。主轴两端装有双列向心球面滚子轴承，内圈以圆螺母及止动垫紧固，出轴端的轴承外圈用稳定环轴向紧固，非出轴端的轴承外圈可轴向移动，轴承径向采用迷宫式密封，详见图 6-16。转子部件参数见表 6-11。

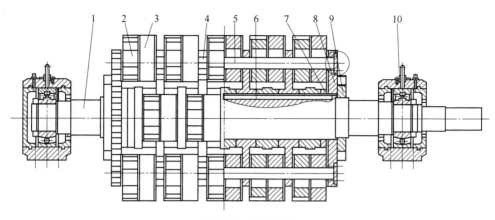

图 6-16 转子简图

1—主轴；2—齿环锤；3—圆环锤；4—摇臂；5—环轴；6—键；7—隔套；8—圆盘；9—锁紧螺母；10—轴承

表 6-11 转子部件参数

型号	隔套数/个	摇臂数/个	齿锤数/个	圆锤数/个	轴承型号	备注
HCSC4	2	9	18	18	22330C/W33C3	
HCSC6	2	13	26	26	22330C/W33C3	

6.4.3.3 筛板架

参考图 6-13，筛板架部件的架体为焊接结构，用轴悬挂在后机盖支座内，通过铰链轴与同步调节器联接。由高锰钢制成的 I 型和 II 型破碎板各 4 块，用合金钢铸成的带切向栅孔的筛板 1 件，均用方楔螺栓紧固。筛板架可以绕挂轴回转。

6.4.3.4 同步调节器

参考图 6-13 和图 6-17，筛板间隙的调节是通过左右对称的两套蜗轮蜗杆减速装置实现的，用连接轴、套筒、弹性销将其连接在一起进行同步调节。蜗杆转动时，蜗轮推动丝杠、铰链头、轴前后移动，连杆可以绕轴和铰链轴转动以调节筛板架和转子之间

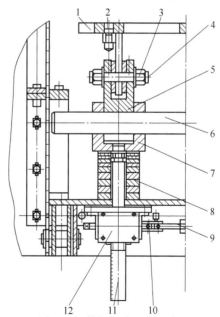

图 6-17 筛板间隙调节示意图

1—筛板架；2—铰链轴；3—垫圈、螺母；4—开口销；
5—连杆；6—轴；7—铰链头；8—调整垫片；9—连接轴；
10—弹性销、套筒；11—丝杠；12—蜗轮箱

的相对位置。调整垫片是用于调节筛板间隙和承受撞击力的。

6.4.3.5　启闭液压系统

启闭液压系统由 1 套液压站、各种管路、控制元件（换向阀）及执行元件（油缸）等组成。为方便检修，前后机盖各配有两个油缸，但是前后机盖不可同时打开。液压系统在非工作状态时，在快速接头处应有防尘保护措施。

液压站包括电机、爪式联轴器、齿轮泵、进回油管、粗滤油器和精滤油器、溢流阀、换向阀、节流阀、滤清器、信号灯、压力表、油箱等。精滤油器配有压差发讯器，当滤芯堵塞，压力管路的油压差达 0.35 MPa 时，信号灯即会亮起，此时应更换滤芯。液压系统参数见表 6-12。

表 6-12　液压系统参数

参　　数	参数值
电机功率/kW	1.5
电机转速/r·min^{-1}	940
电压/V	380
系统额定工作压力/MPa	6.25
油泵最大工作压力/MPa	7.85
额定流量/L·min^{-1}	8.19
机盖开启溢流阀压力/MPa	7.5

6.4.3.6　传动方式

采用 YKK 系列三相异步电机通过限矩型液力耦合器与环锤式碎煤机连接，能够对碎煤机及电机起到过载保护作用。与常见的传动方式相比，该传动方式可以配备较低功率的电机，达到节约投资降低能耗的目的。

6.4.4　安装与调试

6.4.4.1　安装前的准备

（1）安装前需要准备的工具、仪器及附件包括：一般装配用标准工具，水准仪（精度为 0.1 mm/m）、墨线及软尺（10 m）各 1 件，地脚螺栓类紧固件（见随机附件或用户自备），调整垫片（自备），20 t 吊车、起吊钢绳。

（2）参照安装图检查各地脚螺栓预留孔尺寸是否正确，相互位置是否符合图纸要求。

（3）清理基础平面，使其保持平整。

6.4.4.2　碎煤机的安装

（1）应待水泥基础完全凝固干化，具有足够的强度后，才可进行安装工作。

（2）在基础上把碎煤机、电机的中心位置打上墨线。

（3）下机体按基准线就位，同时在轴承座垫板上用水准仪找正水平度（见图 6-14），转子轴的轴向和径向水平度允许误差为±0.2mm。

（4）水平调整后，将轴承座垫和调整垫铁焊牢。

（5）进行二次灌浆，待完全凝固后，拧紧地脚螺栓。

（6）按上述步骤安装电机底座。

6.4.4.3 限矩型液力耦合器的安装

（1）在安装液力耦合器的过程中，不得使用铁锤等硬物击打设备外表。

（2）把液力耦合器输出轴孔套在碎煤机主轴轴端上。

（3）移动电机，使其轴端插入液力耦合器的主动联轴节孔中，保证两者的轴间间隙在 2~4 mm。

（4）用平尺（光隙法）和塞尺分别检查电机轴与碎煤机的同轴度和角度误差，其允许误差均应不大于 0.20 mm。限矩型液力耦合器的安装简图如图 6-2 所示。

（5）有关使用、维护、检修等事项详见产品使用说明书。

6.4.4.4 设备的吊装

（1）整机起吊。将起吊钢丝绳固定于下机体 4 块吊挂板的吊孔中，然后整体起吊。

（2）解体起吊。碎煤机各大部件的质量见表 6-13。

表 6-13 碎煤机各大部件的质量 （t）

部 件	碎煤机型号	
	HCSC4 型	HCSC6 型
下机体	3.27	3.54
转子	3.48	4.27
中间机体	0.91	1.08
前机盖	1.68	1.96
后机盖	1.38	1.59
筛板架	1.17	1.65
整机	12.95	14.30

6.4.4.5 环锤与筛板之间间隙的调整

（1）机器必须在停车状态下才能调整。

（2）可以从后视门或侧视门进去检查筛板与环锤之间的间隙，如图 6-18 所示，间隙 $H=45~75$ mm 为宜（H 可依电厂煤质情况和出料粒度要求自定）。其同步调节器的调整垫片与筛板间隙的关系见表 6-14。

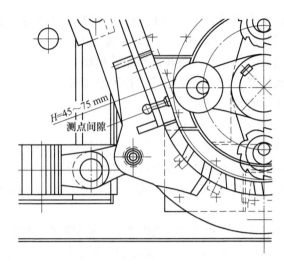

图 6-18　破碎间隙图

表 6-14　调整垫片与筛板间隙的关系

垫片编号	垫片厚度/mm	所垫垫片数量/个	筛板间隙/mm	说　　明	
1	35	0	282		
		1	238		
		2	196	检修时筛板活动范围	
		3	154		筛板下调
		4	114		
2	30	1	81		
3	20	1	59	新环锤工作间隙	
		2	38		
4	15	1	23		设计间隙
		2	9		
5	10	1	-0.5	环锤磨损调节	
		2	-10		
6	8	1	-17		筛板上调
		2	-24	环锤磨损极限 $\phi170$	

（3）调整步骤（见图6-19）如下。

1）在蜗杆端部方头位置套上带接头的棘轮扳手，自上而下转动数次，使被压紧的调整垫片放松。

2）若欲增大间隙，可取出几块垫片，将棘轮扳手反向套上，自下而上转动，直到间隙满足要求。当调整完成时，调整垫片必须紧紧压在箱体内壁上，使蜗轮、蜗杆、丝杠处于不受力状态。

3）若欲减小间隙，重复步骤 1），插入必要的调整垫片，然后将棘轮扳手反向套上转动，直到压紧调整垫片为止。

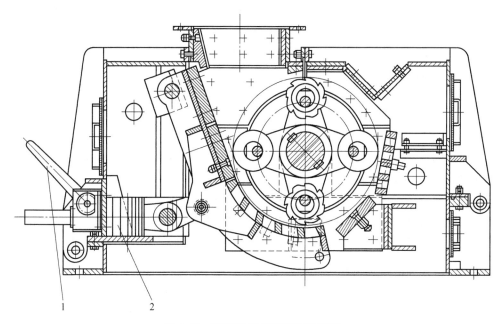

图 6-19   碎煤机破碎间隙调整简图
1—带接头的棘轮扳手；2—调整垫片

6.4.4.6 空载鼓风量的调节

鼓风量的调节装置如图 6-12 所示，风量调节装置装在中间机体的顶部。

HCSC4、HCSC6 型环锤式碎煤机出厂前已装配好风量调节装置，且已考虑到它与破碎腔内循环气流间隙的匹配，能够满足碎煤机正常工作间隙下的空载鼓风量要求。当碎煤机的运行工况发生变化或环锤和筛板磨损严重时，即用风量仪测得碎煤机入口和出口处鼓风量超标时，应停机，然后按照图 6-12 调节鼓风量，操作步骤为：松开风量调节板的紧固螺母，但无须从方楔螺栓上拆下；然后用风量调节扳手松开调节套筒，根据情况增减调节垫片，即可调节入口和出口鼓风量。

一般按式（6-1）调节气流间隙。间隙调整完后，必须将调节套筒和紧固螺母拧紧后，方可开机运行。

6.4.5 机器的润滑

（1）将碎煤机发给用户时，各润滑部位均已进行了防锈处理，使用前需清理，然后再加入规定牌号的润滑剂。

（2）在轴承座里注入 3 号或 4 号 MOS$_2$ 锂基润滑脂，注入量应为油腔的 1/3 ~ 2/3，润滑剂必须干净，每半年应更换一次。

（3）同步调节器的蜗轮、蜗杆、轴承及丝杠用 ZG-4 号钙基润滑脂润滑，每年应更换一次。

（4）同步调节器的铰链头与轴、连杆与铰链轴等处用 ZG-4 号钙基润滑脂润滑，每月应注油一次。

（5）对限矩型液力耦合器的润滑要求如下。

1）液力耦合器润滑用油应具备低黏度、高闪点、耐老化的特点，一般采用 20 号透平油。

2）向液力耦合器内注油时必须经过每平方厘米 80 ~ 100 目（0.150 ~ 0.178 mm）的滤网过滤。

3）充油量是决定液力耦合器特性的重要因素，应根据电机转速及所传递的功率，严格按照产品说明书及所列图表选取相应的充油量。

4）运转 3000 h 后需检查工作油，若已老化或变质，则应更换新油。

6.4.6 机器的运行和操作

6.4.6.1 空载运行

（1）前后机盖合好，关闭所用的检查门，并用楔铁紧固。

（2）检查机体各联接螺栓、衬板螺栓、地脚螺栓是否松动。

（3）机内不应有异物存在，盘车 1 ~ 2 圈，观察有无卡住现象。

（4）各润滑部位按规定加注润滑油。

（5）电机未插入液力耦合器前，应检查其转向与碎煤机转向是否一致，如图 6-19 所示。

（6）不得随意改变转子转速。

（7）完成以上检查工作，方可进行空载运行。

（8）空载运行 4 h 后轴承的温度不超过 90 ℃。

（9）运行中无异常声音，电流比较稳定，刚性基础轴承座的单振幅在 0.06 mm 以内（刚性基础）；弹性基础轴承座的单振幅根据基础的性质定，但最高不得超过 0.35 mm。

6.4.6.2 负载运行

（1）空载运行正常后即可进行负载运行。开始的给料量要少，逐渐增加到额定值，且应在入料口全长上均匀布料。

（2）给料过程中，应随时检查电流的大小、轴承温度的变化及机体和轴承座的振动，无异常时才允许负载运行。

（3）除紧急情况外，一般不允许在给料过程中停机。

（4）正常停机顺序是，先停给料机，待确认机内没有残存的处理物后（破碎声音消失 1~2 min 后），方可停机。

（5）转子没有完全停止之前，严禁打开检查门和进行维修检查工作。

（6）负载运行时，轴承座的垂直和水平单振幅均在 0.04~0.125 mm 内，若某个方向的振幅超过 0.25 mm，应立即停机检查。弹性基础轴承座的单振幅根据基础的性质定，但若某个方向的振幅超过 0.50 mm 时，应立即停机，检查分析振动的原因并消除之。

（7）通常情况下，液力耦合器的工作油温不应超过 90 ℃。

（8）本机配备了 CP810 碎煤机测量监控系统，用于监测碎煤机在负载运行中的轴承振动、轴承温度、环境噪声及堵煤现象等。

6.4.7　机器的维护和保养

6.4.7.1　转子的维修保养

（1）主轴轴承采用 3G3630（22330C/W33C3）双列向心球面滚子轴承，装配后，径向游隙为 0.14~0.21 mm。

（2）当环锤磨损到规定的磨损极限时，该环锤及其对应侧的环锤应一起更换，如图 6-20 所示。

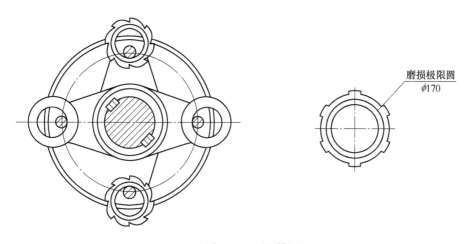

磨损极限圆
$\phi170$

图 6-20　环锤简图

（3）环锤的磨损极限为原始直径的 2/3，当预测到它不能用到下次环锤更换时，应提前更换。为了使环锤、环轴均匀地磨损，提高使用寿命，应沿转子全长上均匀给料。

（4）更换环锤的步骤如下。

1）切断电机电源，防止误合闸。

2）拆除轴端密封及前盖法兰紧固件。

3）将液压快速接头与前盖启闭液压管路快速接头接通，开动油泵，转动方向阀，使前盖油泵工作。将前盖打开至69°，加垫木使支柱固定。

4）用手拉葫芦工具将转子固定。

5）拆下环轴端压盖，从电机侧反方向抽出环轴，一边抽环轴，一边取下旧环锤，然后将平衡好的新环锤按顺序进行装配。

6）检查无误后，开动液压站和关闭前盖。

（5）转子的平衡和环锤的配置。转子质量的不平衡将导致剧烈的振动。必须注意，装新环锤时，请依照下列要领进行环锤的质量平衡。

1）以25 g为最小单位，对所装新环锤全部称重，并在每个环锤表面上标注测得的质量，然后列表记录。

2）在垂直于轴的断面上，相对应的两个环锤的质量差应不大于150g，相对应的两排环锤的累计质量差也应不大于150g。

3）相对应的两排环锤，即第1排和第3排环锤，第2排和第4排环锤（见图6-21）应平衡，其累计质量差均应不大于150g。假如对应的两排环锤中，只有相距180°的两个环锤不平衡，对于轴心线是静平衡的，但当其旋转时，那两个不平衡的环锤产生的离心力会使轴承摇摆，产生动不平衡，因此必须使图6-21中的距离A尽量减小。

4）在环锤的静平衡度和动平衡度上选择最佳的平衡方案。表6-15是选择时的举例，每排长度质量差在允许的范围内，但在平衡度上并非最佳，其环锤的平衡必须按表6-16重新排列。从表6-16每排和每行上的环锤经过重新变换位置（符号标记）后，静平衡度和动平衡度均为最小。

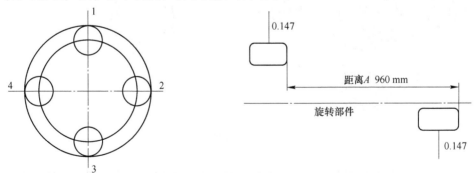

图6-21　转子平衡简图Ⅱ

表 6-15 初始环锤平衡 II

第 1 排	第 3 排
a 52/820	a' 52/820
b 52/630	b' 52/765
←	135
c 52/955	c' 52/825
130	→
d 52/585	d' 52/725
→	140
e 52/980	e' 52/845
135	←
263/970	263/980

注：表中字母为行标记符号，箭头与数字表示方向和行质量差。

表 6-16 动态环锤平衡 II

第 1 排	第 3 排
a 52/820	a' 52/820
e 52/980	c 52/955
25	←
d 52/585	b 52/630
←	45
b' 52/765	d' 52/725
40	→
c' 52/825	e' 52/845
→	20
263/975	263/975

注：表中字母为行标记符号，箭头与数字表示方向和行质量差。

（6）如因更换轴承、内迷宫圈等部件而需拆卸转子时，应打开前机盖，按图 6-22 所示，松开下机体衬板的紧固螺母（勿从方楔螺栓上卸下），把方楔螺栓往机体内稍串动一点，即可抽出 U 形垫，再往机体外拉动螺栓，使衬板贴近侧板内壁，衬板弧口不会卡住圆盘，即可用起重设备吊出转子。检修完后，向体内推动螺栓装上 U 形垫，再紧固衬板。

6.4.7.2 筛板与碎煤板的检查及更换

（1）日常检查可以从轴承座下方的侧视门（见图 6-14）观察筛板的磨损情况，当筛板磨损到只有 15 mm 厚时，应更换新筛板。

（2）取出同步调节器的调整垫片，转动蜗轮蜗杆，使筛板架处于最低位置

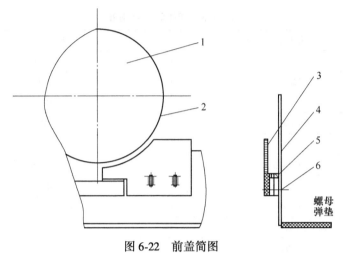

图 6-22 前盖简图

1—圆盘；2—衬板弧口；3—衬板；4—侧板；5—U 型垫；6—方楔螺栓

［见图 6-23（a）］，再用倒链吊住筛板架下底端。拆下铰链轴，使筛板架慢慢落下［见图 6-23（b）］。注意此项操作必须在检查门外边进行，同时应注意人身安全。

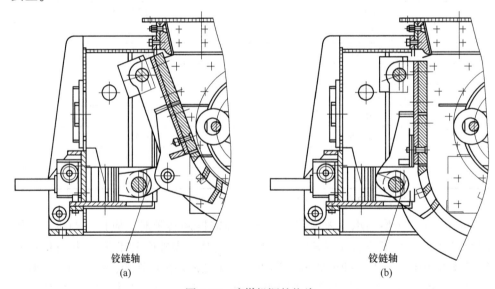

图 6-23 碎煤机调整垫片

（3）将液压站快速接头与后盖启闭液压管路快速接头接通，转动油泵操作方向阀，使后盖油缸工作；将后盖打开至 57.5°，并使其支柱固定，如图 6-24 所示。

（4）检查碎煤板的磨损情况，若磨损不均匀，可左右交换位置继续使用，一旦发现磨出孔洞，应立即更换。

（5）拆除方锲螺栓，更换碎煤机的筛板。

（6）利用液压系统开合箱，装好法兰、密封及紧固件。

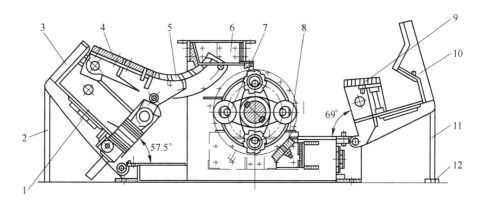

图 6-24　碎煤机液压开启简图

1—后视门；2—支柱；3—后盖；4—碎煤板；5—筛板；6—中间机体；7—转子；

8—下拨料板及托架；9—上拨料板；10—前盖；11—支柱；12—垫木

6.4.8　液压系统的操作与维护

6.4.8.1　液压系统的安装

（1）液压系统的安装，按照液压系统原理图进行。

（2）安装前应认真清洗各液压元件。用酸清洗管道内腔，以清除铁锈等杂物。

6.4.8.2　液压站起动前的检查

（1）起动前油箱的液面应处于油标的上端，起动后油箱的液面应处于油标中可视位置。若从油标中看不到油箱的液面，则应补充油。

（2）检查管路各接头的连接是否可靠。

（3）检查油泵电机的转向是否正确。正确的转向是从轴头方向看应为顺时针旋转。

6.4.8.3　油泵的起动与运行

（1）油泵初次起动之前，应向油泵内注满工作油。

（2）排气油泵的排出管。缓缓转动电机，排出油泵内及管路中的空气（或反复起动电机）。

（3）电机停转后，需间隔 1 min 方可重新起动。

（4）调整溢流阀的压力到 8.5 MPa。液压站在出厂时已调整好各项参数，用户无需调整。若需更高的工作压力可作相应的调整，但不允许超过 14 MPa。

6.4.8.4　液压系统的维护

（1）工作油推荐使用 30 号液压油，夏季使用油温较高时，选用 40 号液压油。

（2）正常油温 10~60 ℃。若起动时油温低于 0 ℃，应对油预热，待油温升至 5 ℃后方可运行。

（3）系统的过滤精度不低于 30 μm，吸油口滤油器过滤精度为 180 μm，压力管路滤油器过滤精度为 830 μm，空气滤清器过滤精度为 380 μm。

（4）液压站的压力管路滤油器配置了压差发讯装置，当滤芯堵塞到进出口压差为 0.35 MPa 时，液压站的指示灯会亮，表明此时应该清洗或更换滤芯了。

（5）定期对工作油进行取样检查，检查油的颜色、透明度、沉淀物、气味等。若油已变质或已被严重污染，应及时更换。一般最初 3 个月换油 1 次，以后每半年更换 1 次。

（6）对非工作状况下的快速接头应进行防尘保护。

6.5　HCSC（ϕ1200）系列环锤式碎煤机

HCSC（ϕ1200）型环锤式碎煤机是专为火力发电厂输煤系统设计的系列碎煤机械，它可以高效经济地将原煤破碎到规定的粒度，供锅炉使用。同其他类型的碎煤机相比，该类碎煤机具有噪声小、粉尘小、功耗比低等优点。

6.5.1　技术参数

HCSC（ϕ1200）型环锤式碎煤机的技术参数见表 6-17。

表 6-17　碎煤机的技术参数

参　数		HCSC6K 型	HCSC8 型	HCSC10 型	HCSC12 型	HCSC14 型
生产能力/t·h^{-1}		600	800	1000	1200	1400
入料粒度/mm		≤300	≤300	≤300	≤300	≤300
出料粒度/mm		≤25	≤25	≤30	≤30	≤30
转子	直径/mm	1200				
	工作长度/mm	1586	1862	2414	2690	2966
	线速度/m·s^{-1}	45.7				
	质量/kg	5980	6354	8204	8466	9230
	飞轮矩/kN·m^2	24.9	28.1	30.3	36.2	39.5
	扰力/kN	35.0	37.1	46.0	47.8	52.0

参　数		HCSC6K 型	HCSC8 型	HCSC10 型	HCSC12 型	HCSC14 型
环锤	排数/排	4				
	齿锤数量/个	12	14	18	20	22
	圆锤数量/个	10	12	16	18	20
碎煤机质量/t		23.9	24.9	30.0	33.5	35.5
主机外形 （长×宽×高） /mm×mm×mm		3334×3434× 1950	3601×3434× 1950	4199×3434× 1950	4475×3434× 1950	4751×3434× 1950
电动机	型号	YKK450-8	YKK500-8	YKK500-8	YKK560-8	YKK560-8
	功率/kW	280	450	560	630	710
	转速/r · min^{-1}	743				
	电压/kV	6				
限矩液力耦合器	型号	YOX875	YOX1000	YOX1000	YOX1150	YOX1150
	输入转速 /r · min^{-1}	750				
	传递功率范围 /kW	145～280	260～590	260～590	525～1195	525～1195
	过载系数	2～2.5				
	效率/%	96				
	油温报警	WBQ-Ⅱ电子防喷装置，0.2 W，（110±5）℃，220 V，50 Hz				

注：以上配置为基本配置，可以根据煤质及用户要求采用不同的配置。

6.5.2　工作原理

从给料皮带运来的原煤，均匀进入碎煤机破碎腔后，首先受到高速旋转环锤的冲击而被初碎；初碎的煤块高速撞击碎煤板和筛板后进一步被粉碎，当初碎煤块落到筛板及环锤之间时，又受到环锤的剪切挤压、滚碾和研磨等作用而被粉碎到规定的粒度，然后从筛板孔的筛孔中排出，少量留在筛板上不能被破碎的物料如铁块、木块等杂物，在离心力的作用下，经拨料板被抛到除铁室内，定期清除。

6.5.3　机器的结构

HCSC（φ1200）型环锤式碎煤机结构简图如图 6-25 所示。

6.5.3.1　传动方式

碎煤机采用 YKK 系列电机通过限矩型液力耦合器与碎煤机直接连接，不仅可以使传动简单，运行可靠，还可使电机功率减少20%左右，节约了设备投资，降低了能耗，并且能对碎煤机起安全保护作用。

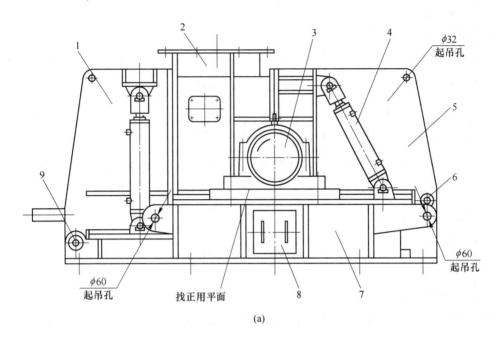

(a)

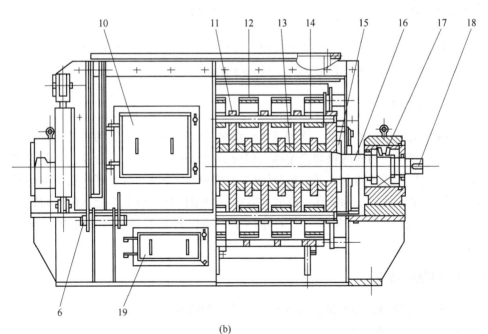

(b)

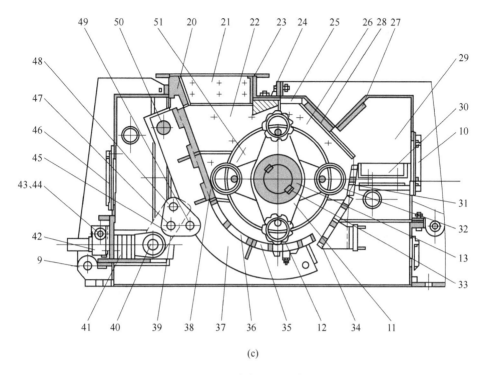

(c)

图 6-25 碎煤机结构简图

（a）碎煤机主视图简图；（b）碎煤机主视图（剖面图）；（c）碎煤机左视图简图

1—后机盖；2—中间机体；3—转子部件；4—液压系统；5—前机盖；6—圆柱销1；
7—下机体；8—侧视门；9—圆柱销2；10—前视门；11—摇臂；12—齿环锤；13—间隔环；14—环轴；
15—锁紧螺母；16—主轴；17—轴承；18—平键；19—下检查门；20~23，25~28—衬板；24—风量调节装置；
29—除铁室；30—格栅型弹性筛；31—上拨料板；32—圆环锤；33—平键；34—下拨料板；35—大筛板；
36—切向孔筛板；37—筛板架组件；38—破碎板；39—筛板架调节机构；40—销轴；41—调整垫片；42—罩；
43—调节机构；44—蜗杆；45—三角联接块；46—后视门；47—安全销；48—连接销；
49—销；50—悬挂轴；51—圆盘

6.5.3.2 碎煤机结构

碎煤机由 8 大部分组成（见图 6-25），即后机盖 1、中间机体 2、转子部件 3、液压系统 4、前机盖 5、下机体 7、筛板架组件 37、调节机构 43。其中下机体、中间机体、前机盖及后机盖，都是采用不同厚度的钢板焊接而成的，机体内壁装有铸造的耐磨衬板。

A 下机体

下机体是用来支承前机盖、后机盖、中间机体及转子部件的，具有足够的强度和刚度。在其前侧设有两个检查门 19，在非电机端轴承座下边也设一个观察门 8，从这里可以观察环锤磨损情况及检查环锤与筛板之间的间隙。

B 中间机体

中间机体借助螺栓与下机体连接，其结合面处用密封胶条密封，上部是入料口，四周装有衬板及内壁衬板，顶部装有风量调节装置24。

C 后机盖

后机盖通过两个圆柱销与下机体连结，并可以此为旋转中心向后翻转（见图6-26）。四周法兰用螺栓与下机体及中间机体紧围在一起，机盖上部有悬挂轴，筛板架组件悬挂于此，机盖后部有调节机构。

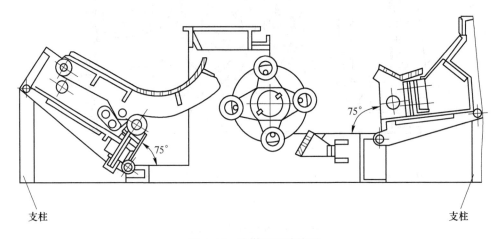

图 6-26 碎煤机开盖简图

D 前机盖

前机盖通过两个圆柱销与下机体连接，并可以此为中心向前翻转（参看图6-26）。用螺栓将下机体与中间机体紧固在一起，格栅型弹性筛及反弹衬板组成除铁室，不易破碎的物料（如铁块、木块等）经下拨料板、上拨料板被抛进除铁室，定期打开前视门可清除这些物料，机体顶部装设有衬板，两端内壁也装有衬板。

E 转子部件

如图6-25（b）和（c）所示，转子部件由主轴16、平键33数个摇臂11、间隔环13、两个转子圆盘51组成，两端由锁紧螺母15锁紧。主轴两端采用自动调心球面滚子轴承17支撑，4根环轴14上装有顺序排列的齿环锤12及圆环锤32，平键18用来连接液力耦合器。在转子圆盘与摇臂外缘上堆焊有耐磨合金，以提高耐磨性。

F 筛板架组件

筛板架由3块弧形板及其筋板焊接而成，其上装有数块破碎板、大筛板和切向孔筛板，筛板上通过合理布置筛孔，可有效防止堵煤。筛板架通过悬挂轴悬挂在后机盖上，并可绕悬挂轴转动。

G　调节机构

调节机构如图 6-27 所示，筛板间隙的调节是通过左右对称的两套蜗轮蜗杆减速装置实现的。为保证两边同步，将联接轴和联接销联结在一起，用棘轮扳手（或活扳手）卡住联接轴上的六方头摇动蜗杆带动蜗轮推动丝杠实现销轴的前后移动，安全销联接销将三角联接块与联接叉头连为一体，并可绕销轴转动，用销又将三角联接块与筛板架相联，销轴的移动带动筛板架前后移动，从而实现筛板间隙的调整。

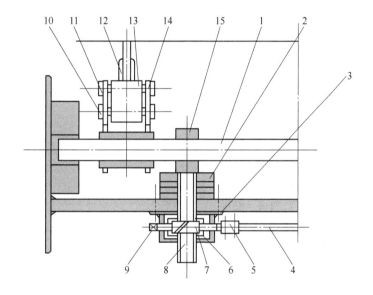

图 6-27　调节机构简图

1—销轴；2—调整垫片；3—罩；4—连接轴；5，11—连接销；6—蜗轮；7，9—蜗杆；
8—丝杆；10—安全销；12—筛板架组件；13—三角联接块；14—连接叉头；15—铰链头

H　液压系统

碎煤机的液压系统包括安装在碎煤机前机盖和后机盖上的工作油缸（各 2件）、管接头和管路，采用 SY8 型碎煤机液压站（配套产品）的动力驱动油缸工作。液压系统在非工作状态时，快速接头应做防尘保护。液压站在不使用的情况下，也应安放在专门场所妥善保管。

7 环锤式碎煤机选型设计及应用实例

7.1 工 程 总 述

7.1.1 工程概况

本工程建设规模为 2×300MW 循环流化床锅炉燃煤汽轮发电机组。

7.1.2 工程主要原始资料

7.1.2.1 气象特征与环境条件

年平均气温：15.2 ℃。

历年最热月平均气温：36.7 ℃。

历年最冷月平均气温：-7.9 ℃。

历年平均相对湿度：71%~85%。

历年平均降水量：1384 mm。

7.1.2.2 燃煤特性

燃煤特性见表 7-1。

表 7-1 燃煤特性

序号	项 目	设计煤种（最差）
1	收到基碳 C_{ar}/%	28.0
2	收到基氢 H_{ar}/%	2.35
3	收到基氧 O_{ar}/%	9.14
4	收到基氮 N_{ar}/%	0.91
5	收到基硫 S_{ar}/%	0.5
6	收到基水分 M_t/%	27.0
7	收到基灰分 A_{ar}/%	32.1
8	收到基挥发分 V_{ar}/%	23.5
9	收到基低位发热量 $Q_{net.ar}$/kJ·kg^{-1}	10070
10	煤比重/kg·m^{-3}	900

7.1.2.3 工作条件

工作制度：机组每年的工作时间为 2700 h。

输煤系统采用三班制运行，每班可以运行 10 h。

碎煤机安装在粗碎煤机室内，有较多粉尘。地面可以用水冲洗，室内比较潮湿。

入料粒度不大于 300 mm；出料粒度不大于 25 mm，进料中有微量未除尽的铁。

7.2　标准和规范

7.2.1　设计和制造环锤式碎煤机时应遵循的规范和标准

环锤式碎煤机的设计、制造、包装、运输、储存及验收应符合表 7-2 所示相关标准的要求，但不限于此。

表 7-2　与环锤式碎煤机设计、制造及验收等有关的标准和规范

DL/T 707—2014	HS 系列环锤式破碎机
GB 50049—2011	小型火力发电厂设计规范
GB 50660—2011	大中型火力发电厂设计规范
DL/T 869—2021	火力发电厂焊接技术规程
DL/T 5187.1—2016	火力发电厂运煤设计技术规程　第 1 部分：运煤系统
DL 5190.2—2019	电力建设施工技术规范　第 2 部分：锅炉机组
GB/T 755—2019	旋转电机　定额和性能
GB/T 985.1—2008	气焊、焊条电弧焊、气体保护焊和高能束焊的推荐坡口
GB/T 985.2—2008	埋弧焊的推荐坡口
GB/T 1184—1996	形状和位置公差未注公差值
GB/T 1800.1—2020	产品几何技术规范（GPS）　线性尺寸公差 ISO 代号线条 第 1 部分：公差、偏差和配合的基础
GB/T 2346—2003	流体传动系统及元件　公称压力系列
GB/T 3323.1—2019	焊缝无损检测　射线检测　第 1 部分：X 和伽玛射线的胶片技术
GB/T 3766—2015	液压传动系统及其元件的通用规则和安全要求
GB/T 3767—2016	声学　声压法测定噪声源声功率级和声能量级　反射面上方近似自由场的工程法
GB/T 4208—2017	外壳防护等级（IP 代码）
GB/T 5677—2018	铸件　射线照相检测
GB/T 6402—2008	钢锻件超声检测方法

7.2.2 具体的技术要求

（1）运煤系统带式输送机出力为 500 t/h，每台碎煤机的出力按 1.2 倍考虑，应为 600 t/h，入料粒度应不大于 300 mm，出料粒度应不大于 25 mm。

（2）工作制要求采用超重型工作制。

（3）碎煤机鼓风采用机体内循环，并且能在机外调节，其出料口鼓风量应不大于 1500 m³/h，车间粉尘质量浓度应不大于 8 mg/m³，以确保环境污染符合标准要求。

（4）碎煤机设计应考虑破碎煤中含有少量处理不干净的铁块、木块及石块，同时要有防堵措施，并能除杂物。

（5）碎煤机的运行不受湿煤影响。

（6）箱体应内衬 16Mn 耐磨材料，并具备一定的导流作用。碎煤机与电机的连接采用带液力耦合器的直接连接方式。

（7）碎煤机机盖能够自动液压开启（并且是双侧液压开启），并设有密封严密的检查门，以便于检修。

7.3 碎煤机主要参数设计

7.3.1 碎煤机的工作原理

环锤式碎煤机主要利用能绕环轴自转，同时也能绕转子轴公转的环锤对煤块进行破碎。本机采用交流电机直接驱动，煤块进入破碎腔后首先受到高速旋转的 4 排交错安装的环锤的冲击而破碎；煤块落在筛板上后，进一步受到环锤的剪切、挤压、滚碾和研磨作用而破碎到所需的粒度，然后从筛板的筛孔中排出；而少量不能被破碎的物料如铁块、木块等，在离心力的作用下，经拨料板被抛到除铁室内，定期清除。

7.3.2 碎煤机的选型及技术参数

7.3.2.1 机器型号

碎煤机型号字母代表的含义如图 7-1 所示。

图 7-1 机器型号字母含义

7.3.2.2　技术参数

根据生产能力 600 t/h 的要求，机器入料块度一般不超过 300 mm，出料粒度不超过 25 mm。与现有的系列碎煤机相比，转子直径选用 900 mm，转子工作长度选用 1660 mm，环锤使用标准环锤。详细数据见表 7-3。

表 7-3　HCSC6 型碎锤式碎煤机的技术参数

生产能力/t·h⁻¹			600	
破碎物料			烟煤、褐煤、无烟煤等	
最大入料块度/mm			≤300	
出料粒度/mm			≤25	
转子	直径/mm		900	
	工作长度/mm		1660	
环锤	数量		4 排	
			齿环 26 个	圆环 26 个
	质量/kg		齿环 24.4	圆环 28.6

7.3.3　碎煤机的基本结构参数

HCSC6 型环锤式碎煤机的基本结构参数如图 7-2 所示。

7.3.3.1　转子直径 D 和长度 L

环锤式碎煤机的转子直径和工作长度是决定其生产能力及功率大小的重要因素。转子直径根据给料块度来确定，通常转子直径 D 与入料块度 d_1 之比为 3~7。由于入料块度最大为 300 mm，若取比值为 3，则转子直径为 900 mm。转子工作长度 L 要根据机器的生产能力而定，根据经验计算，转子的有效工作长度为 1660 mm。

转子直径 D 与工作长度 L 的比值，一般为 0.4~1.0。当煤质的抗压强度比较大时，应选取较大值。

7.3.3.2　给料口的长度 A 和宽度 B

环锤式碎煤机的给料口设在机体的后上方，它的形状和大小对其生产能力、动力消耗和环锤等零件的磨损程度都有一定的影响。

给料口的长度 A 一般与转子的有效工作长度 L 相等，即 $A = L = 1660$ mm。

给料口的宽度 B 与入料块度 d_1 有关，一般 $B = 2d_1 + (10~25) = 2 \times 300 + 15 = 615$ (mm)。

7.3.3.3　给料方位与破碎板的倾角 α

为了充分发挥环锤式碎煤机的碎煤效果，给料方位选于机体的上方，使之确

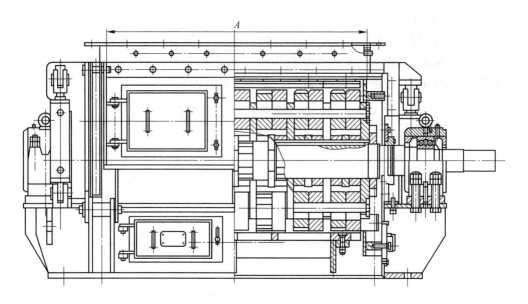

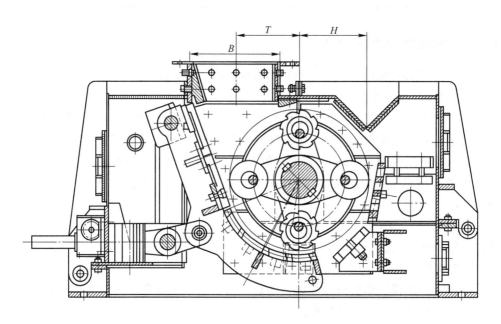

图 7-2 HCSC6 型环锤式碎煤机的结构参数

保给料具有一定的落料速度，其给料口中心位置距转子轴心距 T 不宜过远，一般 $T=D/2-(55\sim100)=900/2-60=390$ （mm）。

这样可以保证卸料点正好落在锤击区内，以获得最佳破碎效果。

碎煤板与水平线的倾角（卸载角）α 不应过小，否则会因卸载点过低而出现煤料堆积现象，这不仅导致环锤磨损剧烈，而且将会大大影响碎煤效果。故倾角 α 不应小于 65°，宜在 68°~75° 之间，这样可以获得较大的破碎比。

7.3.3.4　排料口（筛板上的栅孔尺寸 S_1 和 S_2 及筛板间隙 δ）

环锤式碎煤机的排料口是由筛板上的栅孔形成的，其大小由筛板的栅孔周向尺寸决定。栅孔的孔宽 S_1 和 S_2 根据破碎煤种确定，一般按入料块度 d_1 和出料粒度 d_2 之比，即由破碎比 $i = d_1/d_2$ 来确定。

由于 $i = d_1/d_2 = 300/25 = 12$，当破碎比 $i = 10 \sim 18$ 时，$S_1 = (2 \sim 3) d_2 = 75$（mm），$S_2 = (3 \sim 4) d_2 = 100$（mm）。为了提高生产能力，在破碎脆性较大的煤和黏性（含水较多）煤时可以选择较大值。由于本工程的特殊性，所选煤种大部分为褐煤，褐煤的特性是含水量高、杂质多、结构纹理比较多和强度小，故取大值。

筛板间隙 δ 是环锤旋转工作时，外缘与弧形筛板的径向之间的距离，它的大小直接影响出料粒度 d_2 和环锤式碎煤机排除异杂物的效果。当出料粒度 $d_2 \leqslant$ 30 mm 时，$\delta = 1.5 \sim 2 d_2 = 1.5 \sim 60$（mm）。$\delta$ 不宜过大，否则出料粒度变粗，同时还会导致已破碎煤粉大量卷入除铁室内，将严重影响除异杂物的效果。

7.3.3.5　环锤旋转轨迹圆与机体上部顶衬板的间距 K

K 的大小取决于转子的工作速度，此值直接影响机内鼓风作用。通常在一定转速下，K 值小时，鼓风量增大。一般转子转速低时，K 取小值。$K = 45 \sim$ 55 mm，取 $K = 45$ mm，此值与转子直径之比 $K/D = 45/900 = 0.05 \leqslant 0.05$（mm）。应注意尽量减少鼓风作用，使碎煤机内含尘空气形成循环气流，以便控制粉尘的扩散。

7.3.3.6　反射板顶部位置

环锤式碎煤机排除异杂物主要靠环锤的离心作用、拨料器的导向问题，以及机盖上反射板的反射作用来实现。因此反射板中心距转子轴心的尺寸 H 应适宜。一般 $H = D/2 - (20 \sim 75) = 900/2 - 25 = 425$（mm）。其夹角 $\phi = 90° \sim 100°$，本设计取 $\phi = 90°$。

7.3.4　转子工作参数的确定

7.3.4.1　转速

转子的转速取决于环锤所需的圆周速度和物料所需的破碎粒度，不得超过临界转速。线速度越高，破碎比越大，但环锤的磨损也会加剧。环锤式碎煤机转子的线速度 v 一般为 40~45 m/s。

转子的转速

$$n = \eta \cdot n_{a'} = 0.96 \times 990 = 950.4 \quad (\text{r/min}) \tag{7-1}$$

式中　η——限矩型液力耦合器的效率,%;

　　$n_{a'}$——预选电动机的转速,r/min。

转子的线速度

$$v = \pi D n/60 = 3.14 \times (1/60) \times 0.9 \times 950.4 = 44.763 \ (\text{m/s}) \qquad (7-2)$$

式中　D——转子的直径,mm。

该线速度在许用的线速度范围内,故选用电机转速 $n_a = 990$ r/min。

7.3.4.2　转动惯量

转动惯量是转子旋转惯性的量度,它与各零件的质量及其回转半径有关,需分别计算,而后合成,见表7-4。

表 7-4　转动惯量计算

序号	名称	件数	转动惯量计算式	转动惯量 /kg·m²
1	内迷宫密封环 I	1	$I_1 = \frac{1}{2}(MR^2 - mr^2) = \frac{1}{2} \times (7.4 \times 0.1^2 - 3.6 \times 0.075^2)$	0.028
2	圆螺母	2	$I_2 = 2 \times \frac{1}{2}(MR^2 - mr^2) = 2 \times \frac{1}{2} \times (6.4 \times 0.1^2 - 3.6 \times 0.075^2)$	0.044
3	圆螺母止动垫	2	$I_3 = 2 \times \frac{1}{2}(MR^2 - mr^2)$ $= 2 \times \frac{1}{2} \times (0.65 \times 0.103^2 - 0.35 \times 0.076^2)$	0.005
4	轴承	2	$I_4 = 2 \times \frac{1}{2}(MR^2 - mr^2)$ $= 2 \times \frac{1}{2} \times (67.0 \times 0.16^2 - 14.9 \times 0.075^2)$	1.65
5	内迷宫密封环 II	2	$I_5 = 2 \times \frac{1}{2}(MR^2 - mr^2)$ $= 2 \times \frac{1}{2} \times (10.6 \times 0.1^2 - 5.8 \times 0.0885^2)$	0.12
6	锁紧螺母	2	$I_6 = 2 \times \frac{1}{2}(MR^2 - mr^2)$ $= 2 \times \frac{1}{2} \times (55.8 \times 0.225^2 - 12.7 \times 0.1175^2)$	2.7
7	圆盘	2	$I_7 = 2 \times \frac{1}{2}(MR^2 - mr^2)$ $= 2 \times \frac{1}{2} \times (184.4 \times 0.37^2 - 18.6 \times 0.1175^2)$	25
8	挡盖	8	$I_8 = 8 \times \frac{1}{2}M(R^2 + d^2)$ $= 8 \times 1.4 \div 2 \times (0.0535^2 + 0.299^2)$	0.76

序号	名称	件数	转动惯量计算式	转动惯量 /kg·m²
9	螺钉	24	$I_9 = 24M(R^2 + d^2)$ $= 24 \times 0.027 \times (0.041^2 + 0.3^2)$	0.059
10	弹垫	24	$I_{10} = 24M(R^2 + d^2)$ $= 24 \times 0.03 \times (0.041^2 + 0.3^2)$	0.007
11	环轴	4	$I_{11} = 4M \div [2(R^2 + d^2)]$ $= 4 \times 35.1 \div [2 \times (0.03^2 + 0.3^2)]$	6.381
12	隔套	2	$I_{12} = 2H/[2(MR^2 - mr^2)]$ $= 2 \times \dfrac{1}{2} \times (23.5 \times 0.16^2 - 12.7 \times 0.1175^2)$	0.43
13	止动块	4	$I_{13} = 4MR^2 = 4 \times 0.09 \times 0.225^2$	0.081
14	摇臂	13	$I_{14} = 13 \times \left[\dfrac{1}{2} \times \dfrac{1}{2}(m_1 r_1^2 - m_2 r_2^2) + \dfrac{1}{2}(m_2 r_2^2 - m_3 r_3^2) + \dfrac{1}{2}(m_3 r_3^2 - m_4 r_4^2) \right] = 13 \times \left[\dfrac{1}{2} \times \dfrac{1}{2} \times (151.93 \times 0.37^2 - 30.21 \times 0.165^2) + \dfrac{1}{2} \times (30.21 \times 0.165^2 - 75.76 \times 0.16^2) + \dfrac{1}{2} \times (75.76 \times 0.16^2 - 40.68 \times 0.1175^2) \right] = 13 \times 5.252$	68.276
15	圆环锤	26	$I_{15} = 26 \times \left[\dfrac{1}{2}(MR^2 - mr^2) + (M - m)d^2 \right] = 26 \times 3.292$	85.6
16	齿环锤	26	$K = M_\text{齿}/M_\text{圆} = 24.4/28.7 = 0.85$ $I_{16} = KI_{15} = 0.85 \times 85.6$	50.364
17	主轴	1	$I_{17} = \dfrac{1}{2}MR^2 = \dfrac{1}{2} \times 804.78 \times 0.1031^2$	4.244
18	键 B5C	2	$I_{18} = 2 \times \left[\dfrac{1}{12}M(b^2 + h^2) + Md^2 \right] = 2 \times 0.066$	0.132
19	键 C50	4	$I_{19} = 4 \times \left[\dfrac{1}{12}M(b^2 + h^2) + Md^2 \right] = 4 \times 0.065$	0.26
20	键 A36	1	$I_{20} = \dfrac{1}{12}M(b^2 + h^2) + Md^2$	0.005
21	转子	1	$I = I_1 + I_2 + \cdots + I_{20}$	268.542

注：表中采用了由转动惯量的一般表达式 $I = \int mr^2 \mathrm{d}m$ 导出的下列公式。

质点：

$$I = MR^2 \tag{7-3}$$

圆：

$$I = \frac{1}{2}MR^2 \tag{7-4}$$

环：

$$I = \frac{1}{2}M(R^2 - r^2) \tag{7-5}$$

矩形：

$$I = \frac{1}{12}M(b^2 + h^2) \tag{7-6}$$

平移：

$$I = I_c + Md^2 \tag{7-7}$$

式中，M、R 和 m、r 分别为圆形截面外圆和内圆的质量（kg）及半径（m）；m_i 和 r_i 分别为复合件各部分的质量（kg）及半径（m）；b 和 h 分别为矩形截面的宽度及高度，m；I 为转动惯量，kg·m²。

7.3.4.3 转子飞轮矩

转子飞轮矩就是飞轮的惯性矩，也是回转体的转动惯量，计算比较方便。算出飞轮矩，再折算到电机轴上，以备校核功率之用。将表 7-4 算出的 I（kg·m²）在单位上加以换算就可以得到转子轮矩。

$$I = 268.542/9.8 = 27.402 \ (\text{kgf} \cdot \text{m} \cdot \text{s}^2) \tag{7-8}$$

7.3.4.4 转子工作时环锤具有的动能

环锤式碎煤机是利用高速旋转的环锤获得的动能对煤块进行破碎作业的，环锤所具有的动能为：

$$E_{组} = \frac{1}{2}mv^2 = \frac{1}{2} \cdot \frac{G}{g} \cdot v^2 = \frac{1}{2} \times \frac{53}{9.8} \times 44.763^2 = 5391.16 \times 9.8 \ \text{N} \cdot \text{m} = 52.8 \ \text{kJ} \tag{7-9}$$

式中　m——转子回转部分的质量，m；

　　　G——转子回转部分的重量，N；

　　　g——重力加速度，9.8 m/s²；

　　　v——转子（环锤轨迹圆），线速度，m/s。

7.3.4.5 环锤的离心力和圆周力

环锤是通过环轴均匀地套在转子圆周上的，可径向自由地窜动。工作时随转子一起公转，受煤块的反作用力又能绕环轴自转，从而使外缘磨损均匀。

1 个环锤工作时的离心力（即回转法向惯性力）为：

$$F_{齿} = m_{齿}r\omega^2 = 2.49 \times 0.235 \times 99.224^2 = 5790.2 \ \text{kgf} = 5790.2 \times 9.8 \ \text{N} = 56.7 \ \text{kN} \tag{7-10}$$

$$F_{圆} = m_{圆}r\omega^2 = 2.92 \times 0.325 \times 99.224^2 = 9343.3 \times 9.8 \ \text{N} = 91.56 \ \text{kN} \tag{7-11}$$

式中，$F_齿$、$F_圆$ 分别为 1 个齿环和 1 个圆环的离心力，kN；$m_齿$、$m_圆$ 分别为 1 个齿环和 1 个圆环的质量，

$$m_齿 = G_齿/g = 24.4/9.8 = 2.49 \ (\text{kgf} \cdot \text{s}^2/\text{m}) \tag{7-12}$$

$$m_圆 = G_圆/g = 28.6/9.8 = 2.92 \ (\text{kgf} \cdot \text{s}^2/\text{m}) \tag{7-13}$$

r 为环锤重心至转子轴心的距离，m；ω 为转子工作时的角速度，

$$\omega = \pi n/30 = 3.14 \times 950.4/30 = 99.475 \ (\text{rad/s}) \tag{7-14}$$

环锤工作时的圆周力

$$P = 2M/D = 2 \times 2.419/0.9 = 5.376 \ (\text{kN}) \tag{7-15}$$

式中，M 为转子以角速度 ω 绕其轴心转动时的转矩，以下式计算：

$$M = 9.55N/n = 9.55 \times 240/950.4 = 2.419 \ (\text{kN} \cdot \text{m}^2) \tag{7-16}$$

其轴功率

$$N = \eta \cdot N_m = 0.96 \times 250 = 240 \ (\text{kW}) \tag{7-17}$$

式中　η——限矩型液力耦合器的效率；

　　N_m——电机功率，kW；

　　D——转子直径，m。

环锤的离心力会对煤块产生冲击和挤压作用，而圆周力则会对煤块产生剪切和研磨作用，并且还能清除异杂物。

7.3.4.6 转子工作的动力荷载

由于零件的制造和部件装配误差，易产生转子的重心偏离回转轴心的现象。当碎煤机运转时，会产生附加惯性力（动力荷载，亦称扰力），引起冲击和振动，因而会影响机件的寿命和安装基础的可靠性。

计算扰力的目的是为碎煤机安装基础设计的动力计算提供依据。计算以转子部件进行，本机的扰力为：

$$R = me\omega^2 = 373.98 \times 0.001 \times 99.475^2 = 3682 \times 9.8 \ \text{N} = 36.08 \ \text{kN} \tag{7-18}$$

式中　m——转子部件的回转质量，

$$m = G/g = 3665/9.8 = 373.98 \ (\text{kgf} \cdot \text{s}^2/\text{m}) \tag{7-19}$$

　　e——偏心距，m。

为运行安全可靠，计算扰力时一般取 $e = 1$ mm。

因此，碎煤机的转子部件在制造、现场修理和更换环锤时，都必须重视动平衡，否则，因其重心与轴心线同轴度过大，出现偏移（平行或相交情况），会对其轴产生附加惯性力（动力载荷），它不仅影响碎煤机的运行，对转子轴等零件的使用寿命也有极大影响。

7.3.5　主轴的设计计算

7.3.5.1　计算作用在转子上的荷载

碎煤机作业时，由于煤块的动力学特性不稳定，环锤的受力展开较为复杂，有静荷载、动荷载和冲击荷载，因此在设计计算时，荷载的确定比较困难。为便于计算，作如下假设。

（1）基于第二破碎理论，假设被破碎物呈理想长方体，均布于转子长度方向，则把每相邻两块摇臂之间的 1 组环锤（1 个齿环和 1 个圆环）所破碎的长方体称为单元体。

（2）根据机构的局部自由度合化原理，排除环锤与环轴、环轴与摇臂（圆盘）之间的回转副，假设环锤与转子刚性联接。

（3）假设环锤对煤块理想单元体仅施以挤压作用，略去冲击、剪切、研磨等作用。

（4）假设给料均匀。单元体在破碎时的速度为零，不考虑轴向载荷。

实践证明，依据上述假设计算的结果比较可靠。

A　计算理想单元体尺寸

设碎煤机的每小时破碎量为 Q，则每秒破碎量为：

$$Q_s = 1000Q/3600 = 10Q/36 \tag{7-20}$$

每转（n）破碎量

$$Q_r = 60Q_s/n = 60/n \cdot (10Q/36) = 100Q/(6n) \tag{7-21}$$

每排（Z）环破碎量

$$Q_Z = Q_R/Z = 100Q/(6Zn) \tag{7-22}$$

每组（K）环破碎量

$$Q_K = 100Q/(6KZn) \tag{7-23}$$

设煤的松散密度为 γ，则理想单元体的体积为：

$$V = Q_K/\gamma = 100Q/(6\gamma KZn) = 16.7Q/(\gamma KZn) \tag{7-24}$$

设单元体的长度为 l，则方截面边长为：

$$a = \sqrt{\frac{V}{l}} = \sqrt{\frac{16.7Q}{\gamma KZnl}} \tag{7-25}$$

将本机的有关参数代入上式，则单元体的截面边长为：

$$a = \sqrt{\frac{16.7 \times 600}{1 \times 7 \times 4 \times 980 \times 1.85}} = 44 \quad (\text{mm})$$

故单元体尺寸为：$a \times a \times l = 44 \text{ mm} \times 44 \text{ mm} \times 185 \text{ mm}$。

B　计算作用于转子上的压碎力

由挤压强度条件计算每个理想单元体上的压碎力。

$$\sigma_j = P/F_j \leqslant [\sigma]_j \tag{7-26}$$

所以

$$P = [\sigma]_j \cdot F_j = 40 \times 9.8 \times 81.4 = 31.9 \ (\text{kN})$$

式中 $[\sigma]_j$——许用挤压应力，取煤的压碎强度 $\sigma_B = 40 \times 9.8$（N/cm²）；

        F_j——单元体的挤压面积，$F_j = a \cdot l = 4.4 \times 18.5 = 81.4$（cm²）。

由作用和反作用原理可知，一组环锤所承受的挤压力在数值上等于 P，而转子上每排环锤的挤压力 $P_{jK} = K \cdot P = 7 \times 31.9 = 223.3$（kN）。这个力通过环轴由 2 个圆盘和 6 个摇臂承受，所以作用于每个盘的压碎力 $P_j = P_{jK}/(2+6) = 223.3/8 = 27.9$（kN）。

此力在两坐标轴上的分力为：

水平分力 $P_z = P_j\cos\alpha = 27.9 \times \cos 20° = 26.2$（kN）

垂直分力 $P_y = P_j\sin\alpha = 27.9 \times \sin 20° = 9.6$（kN）

式中 α——环锤作用于破碎板锤击点的倾角，即破碎板对垂直给料方向的方位角，取 $\alpha = 20°$。

C 计算作用于转子上的重力

根据转子结构，承受压碎力的作用点等距分布（间隔 240 mm），为此将转子的计算重量 $3700 \times 9.8 = 36.26$（kN）平均分配到 8 个盘的重心，则每个作用点的重力 $P_g = 36.26/8 = 4.53$（kN）。

轴的外伸部分，装有 YOX750 限矩型液力耦合器，测算从动部分的重量 $P_e = 1.2$ kN。

为此，主轴上的载荷有 P_j（P_z 和 P_y）、P_g 和 P_e 及主动扭矩 M。

7.3.5.2 选择轴的材料

选择轴的材料为 42CrMo，其调质处理硬度范围为 HB = 234~269。机械性能：$\sigma_b = 686$ N/mm²，$\sigma_s = 490$ N/mm²，无应力集中的对称循环疲劳极限 $\sigma_{-1} = 333.2$ N/mm²，对称循环应力下的许用弯曲应力为 68.6 N/mm²，静应力下的许用弯曲应力 $[\sigma_{+1}] = 245$ N/mm²。

7.3.5.3 轴的结构设计

支撑承工件的主轴头直径以弯扭合成强度计算确定，配合采用基轴制，因长度较长，开双键槽，可靠传递扭矩，且减小加不变形，摇臂 13 件，圆盘 2 件，与轴的配合为 $\phi235$NT/h6，需热装配，两端与双列向心球面滚子轴承配合的轴颈为 $\phi150$r6，磨削加工。

7.3.6 转子的平衡精度

为了提升碎煤机的技术性能，减少振动，达到产品标准要求的轴承座振幅不大于 0.03 mm，在转子部件的装配过程中，需进行两次平衡。一是在未装环锤、环轴前做静平衡和动平衡试验，二是在装配环锤时做重量平衡。

转子的平衡试验是根据静力等效原理向两校正面简化不平衡惯性力。在设计转子时，需确定静平衡和动平衡试验的许用不平衡量，以满足试验的精度要求。

主轴、键、摇臂、隔套、圆盘及锁紧螺母装配完毕后，转子的重量 $W = 2047.6 \times 9.8 = 20.07$ kN，转子转速 $n = 950.4$ r/min，角速度 $\omega = 99.475$ rad/s，由于本机的转速较高，故确定平衡等级为 G6.3，即 4 级精度，则相当于平衡转子重心的速度：

$$A = e\omega/1000 = 6.3 \quad (\text{mm/s}) \tag{7-27}$$

得偏心距

$$e = 1000A/\omega = 1000 \times 6.3/99.475 = 63.3 \quad (\mu\text{m})$$

重径积

$$G_r = We = 2047.6 \times 0.063 = 129 \quad (\text{kgf} \cdot \text{mm})$$

而单位转子重量许用不平衡重径积：

$$G_r/W = 129/2047.6 = 63 \quad (\text{gf} \cdot \text{mm/kgf})$$

上述 e、G_r/W 是建立平衡等级 $A = 6.3$ mm/s 后所确定的单面平衡转子的许用不平衡量。由于本机转子的重心相对于左右两端圆盘侧校正面距离相等，采用双面平衡，所以两校正面的许用不平衡量为：

$$偏心距 e 左 = e 右 = e/2 = 63/2 = 31.5 \quad (\mu\text{m})$$

单位转子重量许用不平衡重径积：

$$(G_r/W) 左 = (G_r/W) 右 = 1/2(G_r/W) = 63/2 = 31.5 \quad (\text{gf} \cdot \text{mm/kgf})$$

平衡试验应达到这两项精度指标要求。

重径积 G_r 与转子重量有关，是一个相对量，用来表示给定转子的不平衡量度，便于平衡操作。而偏心距 e 与转子重量无关，是一个绝对量，用来衡量转子平衡程度和动平衡机检测精度，便于直接比较。

7.3.7 碎煤机的生产率

现有的破碎理论都是具有一定局限性的，它们并没有能完全解释物料被破碎的实质，所以本教材在计算碎煤机的生产率时，只能采用以前的经验公式进行近似的计算。碎煤机属于中、细碎机械，应该用第二破碎理论（也就是体积破碎假设）建立生产能力的计算公式。

假设碎煤机进行破碎作业时，都是将入料最大块度为 d_1 的立方体块煤破碎成出料粒度为 d_2 的立方体碎煤。

当碎煤机转子旋转 1 转时，已碎煤的体积

$$V = L \cdot S \cdot d_2 = L \cdot \pi D \cdot \alpha/360° \cdot Z \cdot d_2 \tag{7-28}$$

式中 L——转子的工作长度，m；

S——筛板栅孔周向总弧长，$S = \pi D \cdot (\alpha/360°) \cdot Z$，其中 D 为转子直径，α 为一个栅孔周向所对圆心角，Z 是栅孔周向孔数。

转子旋转 1 转时扫清栅孔上的碎煤，碎煤排出的时间 $t = (60/n) \cdot \alpha \cdot (Z/360°)(s)$，则碎煤机在每秒钟内排出碎煤的体积为：

$$V_s = V/t = (L \cdot \pi D \cdot (\alpha/360°) \cdot Z \cdot d_2)/[(60/n) \cdot \alpha \cdot (Z/360°)] = \pi/60 LDnd_2$$

每小时的排料体积

$$V_h = 3600 V_s = 3600 \times 3.14 \div 60 \cdot LDnd_2 = 188.5LDnd_2$$

考虑转子工作时在筛板栅孔上排料不均匀，取系数 $\mu = 0.05 \sim 0.2$；煤质的松散密度为 γ，则碎煤机的生产能力

$$Q = 188.5LDnd_2\gamma\mu$$

取烟煤的平均松散密度 $\gamma = 0.9 \ \text{t/m}^3$，排料不均匀系数 $\mu = 0.1$（即碎煤透筛率为 90%），则本机的生产率

$$
\begin{aligned}
Q &= 188.5LDnd_2\gamma\mu \\
&= 188.5 \times 1.66 \times 0.9 \times 950.4 \times 0.025 \times 0.9 \times 0.1 \\
&= 602 \ (\text{t/h})
\end{aligned}
$$

式中，L、D、d_2 的单位均为 m。

由计算式 $Q = 188.5LDnd_2\gamma\mu$ 可以看出，碎煤机的生产能力与转子的直径、工作长度及转速等成正比，由于破碎比 $I = d_1/d_2$，即 $d_2 = d_1/I$，故生产能力与破碎比成反比。碎煤机的出力试验结果表明，该计算式比较实用，也有理论价值。

7.3.8 碎煤机环锤质量的确定

在环锤式碎煤机的设计中，环锤质量是重要参数之一。能否正确选定环锤质量，对于碎煤机的碎煤效率和能量消耗有很大影响。如果环锤质量过小，就不能满足一次性将煤块击碎或压碎的要求；但若环锤质量过大，则无用功耗也会过大。因此，应合理确定环锤的质量。

为推导环锤质量计算公式，作如下假设：

(1) 假设环锤式碎煤机碎煤过程中，都是由入料最大块度为 d_1 的立方体块煤，碎到要求的出料粒度为 d_2 的立方体颗粒煤（不考虑过破碎现象）。

(2) 碎煤时的作用力均为环锤施加的力，其他外力在公式推导中都忽略不计。

(3) 假设给入碎煤机的块煤受锤击前的速度为零。

(4) 假设环锤锤击煤块的前、后速度相等（即碎煤机的环锤在锤击块煤时应保证转子的工作直径始终不变）。

(5) 对煤块仅考虑其机械性质，并且令煤质和工况一定。

于是根据理论经验公式，可得环锤的实际质量

$$M = 0.098 \frac{\sigma_b^2 Lb}{v^2 CZ_1 EKA}(Z_1 d_1^2 \mu_1 - \pi D d_2 \mu_2)$$

$$= 0.098 \times \frac{40^2 \times 1660 \times 11}{44.763^2 \times 52 \times 4 \times 3500 \times 0.1 \times 23.9} \times$$

$$(4 \times 300^2 \times 0.2 - 3.14 \times 900 \times 25 \times 0.1)$$

$$= 53 \ (\text{kg})$$

式中　M——环锤的实际质量，kg；

σ_b——煤的抗压强度，kg/cm^2；

E——煤的弹性模数，N/cm^2；

v——转子的工作线速度，m/s；

L——转子的有效工作长度，cm；

C——转子上每排上环锤数目，个；

Z_1——转子上环锤排数，排；

d_1——入料最大块度，cm；

d_2——出料粒度，cm；

b——环锤的锤击点中心到悬挂点的距离，cm；

K——环锤能量的利用系数，一般取 0.1；

μ_1——入料松散不均匀系数，一般取 0.1~0.5；

μ_2——出料松散不均匀系数，一般取 0.05~0.2；

D——转子直径，mm；

A——平衡转子重心的速度，mm/s。

7.3.9　碎煤机电机的选用

（1）电机的设计与环锤式碎煤机的运行条件和维护要求一致。电机的特性曲线（特别是负载特性曲线）应完全满足环锤式碎煤机的要求。

（2）当电机在设计条件下运行时，电机的铭牌出力应不小于拖动设备的 115%。

（3）电机的防护等级应不低于 IP54，具有 F 级及以上的绝缘，温升不应超过 B 级绝缘使用的温升值。电机绕组应经真空压力浸渍处理。

（4）电压和频率同时变化，两者的变化分别不超过 5% 和 1% 时，电机应能输出额定功率；当频率为额定，且电源电压与额定值的偏差不超过±5%时，电机能输出额定功率；当电压为额定，且电源频率与额定值的偏差不超过±1%时，电机亦能输出额定功率。

（5）在额定电压下，电机启动电流倍数不大于 6.0。

（6）由于碎煤机内待碎煤料的破碎动力学特性和碎煤机工作时待碎煤料在

破碎室内的各种状态不确定，并且功率与给料块度、排料粒度、煤质状况、转子转速等诸多因素有关，因此难以准确地计算碎煤机的所需功率。为了求出环锤式碎煤机所耗功率，除计算其生产能力的假设外，还假设煤的抗压强度极限近似等于破坏应力，而且作用于煤块上的作用力——静荷载或动荷载均相同。煤块在破碎过程及排料过程中与机内零件的摩擦忽略不计，因为根据机内构造，克服此摩擦所需的能量与碎煤机所消耗的能量相比是相差很大的。

设计碎煤机时，本书用经验公式和比功耗近似地进行功率的计算，在设计完转子结构后，再计算出转子的转动惯量及转子的飞轮矩，最后校核电机的起动功率。

7.3.9.1 初定碎煤机的所需功率

（1）比功耗法。比功耗 K 是破碎 1 t 煤所消耗的电能，即

$$K = N/Q \tag{7-29}$$

式中　N——功率，kW；

　　　Q——生产能力，t/h。

根据经验，环锤式碎煤机的比功耗一般为 0.4~0.5，取 $K=0.4$，则电机功率

$$N_m = KQ = 0.4 \times 600 = 240 \quad (kW)$$

（2）经验公式法。计算碎煤机电机功率的经验公式为

$$N_m = (0.1 \sim 0.15) D^2 L N_a K \tag{7-30}$$

式中　D——转子直径，m；

　　　L——转子工作长度 m，

　　　N_a——电机转速，r/min；

　　　K——过载系数 1.15~1.35。

取经验系数为 0.14，过载系数 $K=1.3$，则电机功率

$N_m = 0.14 D^2 L N_a K = 0.14 \times 0.9^2 \times 1.66 \times 990 \times 1.3 = 242.3 \quad (kW)$

上述两种方法的计算结果比较接近，暂取 $N_m = 240$ kW，由于采用了液力耦合器，它本身耗能 4%，因此选取的电机功率为 $N'_m = 1.04 N_m = 1.04 \times 240 = 249.6 = 250 \quad (kW)$。

7.3.9.2 核算电机起动功率

由于碎煤机转动惯量（飞轮矩）GD^2 很大，在完成碎煤机结构设计，选定电机和液力耦合器后，还应在审动系统设计计算中校核电机的起动功率。

（1）转子的静态力矩 M_a。转子的静态力矩等于转子自重在两轴承中产生的摩擦力矩，即

$$M_a = M_c = Rrf = 3665 \times 0.075 \times 0.0025 = 0.687 \quad (kgf \cdot m) \tag{7-31}$$

式中　R——两轴承的径向负荷，即转子的重量，kgf；

　　　r——轴承内半径，m；

f——摩擦系数，对于双列向心球面滚子轴承 $f = 0.0018 \sim 0.0025$。

（2）转子的动态力矩 M_b。机器转动部分折算到电机轴上的飞轮矩

$$GD^2 = GD_a^2 (n/n_a)^2 + GD_b^2$$
$$= 1074.168 \times (950.4/990)^2 + 78.792$$
$$= 1068.75 \ (\text{kgf} \cdot \text{m}^2) \tag{7-32}$$

式中 GD_a^2——碎煤机转子的飞轮矩，kgf·m²，$GD_a^2 = 4gI = 4 \times 9.8 \times 27.402 =$ 1074.168 （kgf·m²）；

GD_b^2——限矩型液力耦合器的飞轮矩，kgf·m²；

n_a——电机转速，r/min。

YOX750 限矩型液力耦合器的转动惯量为

$$I = I_{主动} + I_{从动} + I_{油} = 11.1 + 4.2 + 4.4 = 19.7 \ (\text{kg} \cdot \text{m}^2)$$

则

$$GD_b^2 = 4gI = 4 \times 9.8 \times 2.01 = 78.792 \ (\text{kgf} \cdot \text{m}^2) \tag{7-33}$$

转子的动态力矩 M_b 以下式计算：

$$M_b = (GD^2 \cdot n)/(375t) \tag{7-34}$$
$$= (1068.75 \times 950.4)/(375 \times 18)$$
$$= 150.48 \ (\text{kgf} \cdot \text{m})$$

式中 t——电机起动时间，$t = 5 \sim 30$ s。

（3）电机轴上的起动转矩：

$$M = M_a + M_b = 0.687 + 150.48 = 151.167 \ (\text{kgf} \cdot \text{m})$$

（4）所需电机的起动功率

$$N_m'' = M \cdot n/975 \cdot \eta_a$$
$$= (151.167 \times 950.4)/(975 \times 0.9368)$$
$$= 157.3 \ (\text{kW})$$

式中 η_a——电机的效率。

因为设计选定的电机功率 $N_m' = 250$ kW，所以 $N_m'' < N_m'$，电机有足够的起动功率。

电机参数见表 7-5。

表 7-5   电机参数

型　号	YKK400-6
额定功率/kW	250
额定电压/V	6000
额定电流/A	37.9
功率因数	0.86

型　号	YKK400-6
效率/%	93.9
最大转矩的倍数	2.32
额定电压的条件下电机的最大启动电流倍数	5.3
防护等级	IP54
绝缘等级	F
噪声/dB	≤85
电机接线盒位置	从轴头看，位于右侧

7.3.10　液力耦合器的选用

7.3.10.1　应用液力耦合器传动的优点

（1）确保电机不发生故障和闷车。

（2）能使电机在足载情况下起动，改善加速性能，减少起动时间，提高起动能力。

（3）能隔离扭振，减少冲击和振动，对碎煤机和电机起到动力过载保护作用。

（4）对大惯量碎煤机，若液力耦合器匹配得当，可减少电机的装配容量，提高电网的功率因素。

（5）可节约能源，减少设备投资和降低运行费用。

7.3.10.2　限矩型液力耦合器的结构及工作原理

YOX 限矩型液力偶合器的结构如图 7-3 所示，其主动部分包括主动联轴节 1、弹性块 2、从动联轴节 3、后辅腔 6、泵轮 8、外壳 9 等，从动部分包括轴承 5、涡轮 10 等。主动部分与电机联接，从动部分与碎煤机联接。该耦合器为动压泄压式单腔外轮的限矩型液力耦合器。

该耦合器的泵轮和涡轮都装有径向直叶片，型腔内充有液体，两轮之间为柔性联接。当泵轮随电机旋转时，在离心力作用下，迫使工作油沿径向直叶片间隙向型腔外缘流道流动，而获得动能；具有较高动能的工作油又高速高压冲击涡轮叶片，转换为机械能，带动碎煤机旋转，在耦合器型腔内形成液流的循环圆。靠近上部的循环为小循环，靠近外环的循环为大循环。泵轮为离心式叶轮，涡轮为向心式叶轮。

动压泄压式耦合器设有前辅腔和后辅腔。在额定工况时，循环圆中的液体较多，进行小循环流动。当外载荷增加时，泵轮与涡轮的转差率加大，液流进行大循环流动。涡轮的液流在动压作用下，较快地流进前辅腔，并进入后辅腔。而循

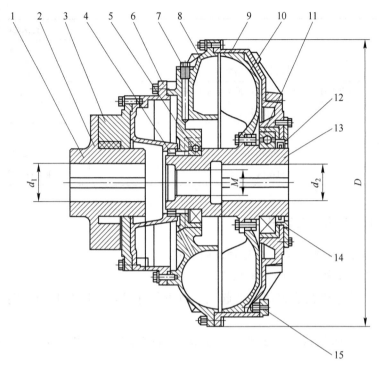

图 7-3　限矩型液力偶合器的结构简图

1—主动联轴节；2—弹性块；3—从动联轴节；4—油封；5—轴承；6—后辅腔；

7—注油塞；8—泵轮；9—外壳；10—涡轮；11—轴承；

12—油封；13—主轴；14—密封盖；15—易熔塞

环圆中液体的减少，会将扭矩限制在一定范围内，所以辅腔是通过自动调节循环圆中的充液量来限制扭矩的。

7.3.10.3　YOX750 限矩型液力耦合器的选型计算

A　匹配原则

（1）应使液力耦合器的设计工况点与电机的额定工况点重合，以提高传动系统的工作效率。

（2）应使耦合器的 $i=0$ 输入特性曲线交于电机峰值力矩右侧的稳定工况区段，以保证电机稳定运行。

（3）使碎煤机、耦合器、电机的额定功率依次递增 5% 左右，保证动力充足。

（4）使耦合器的起动过载系数小于电机的力矩过载系数，确保限矩性能。

B　计算选型

由于缺少电机和耦合器的原始特性曲线资料，尚难进行全面的匹配计算和绘图，因此遵循匹配的基本原则，通过计算进行液力耦合器的匹配和选型。

（1）输入功率和转速。耦合器泵轮的功率、扭矩和转速与电机的相同。即 $N_B = N_m = 250$ kW，$T_B = T_H = 2.4$ kN·m，$n_B = 987$ r/min。

（2）额定转速比和效率。为保证额定工况点的高效率，一般取耦合器的额定转速比 $i_n \geqslant 0.95 \sim 0.985$（其转速比 $i = n_T/n_b$，其中 n_T 为涡轮的转速，n_B 为泵轮的转速）。查资料图，由充油率 $q_c = 70\%$ 的有后辅腔液力耦合器的原始特性曲线查得：当 $i_n = 0.96$ 时，泵轮的扭矩系数 $\lambda_n = 1.45 \times 10^{-6}$。该系数标志着泵轮传递扭矩的能力。

当不计摩擦损失时，限矩型耦合器的机械效率等于转速比，即 $\eta = N_T/N_B = i = 0.96$。

（3）确保限矩性能。当限矩型液力耦合器与笼型电机匹配时，为了确保耦合器的限矩性能，耦合器的最大过载系数应满足下式要求：

$$T_{gmax} = \frac{\lambda_{max}}{\lambda_n} \leqslant K\left(\frac{n_{max}}{n_a}\right)^2 \tag{7-35}$$

式中　T_{gmax}——耦合器的最大过载系数；

　　　　λ_{max}——耦合器的最大扭矩系数；

　　　　λ_n——额定工况下的扭矩系数；

　　　　K——电动机的最大过载系数；

　　　　n_a——电机在额定转矩时的转速；

　　　　n_{max}——电机在最大扭矩时的转速。

YKK400-6 笼型异步电机的参数为：$K = 3.07$，$n_a = 987$ r/min。

在临界扭矩点（T_{max}）时，转速下降 $10\% \sim 12\%$，则

$$n_{max} = [1 - (10\% \sim 12\%)] \cdot n_a = [1 - (10\% \sim 12\%)] \times 987$$
$$= 888.3 \sim 868.56 \text{（r/min）}$$

式（7-35）右边 $K\left(\dfrac{n_{max}}{n_a}\right)^2 = 3.07 \times \left(\dfrac{888.3 \sim 868.5}{987}\right)^2 = 2.35 \sim 2.45$。

由耦合器说明书充油率 $q_c = 70\%$ 的起动加速原始特性曲线查得：当转速比 $I = 0.91$ 时，最大扭矩系数 $\lambda_{max} = 2.3 \times 10^6$，则式（7-35）左边 $T_{gmax} = \dfrac{\lambda_{max}}{\lambda_n} = \dfrac{2.3 \times 10^{-6}}{1.45 \times 10^{-6}} = 1.58$。

$1.58 < 2.35$，说明符合式（7-35）要求，即在临界扭矩点时，该耦合器的最大过载系数小于电机的最大过载能力。因此可以保证偶合器具有限矩性能。

（4）耦合器工作腔的有效直径

$$D_s = \sqrt[5]{\frac{975N_B}{\gamma\lambda_n n_a^3}} = \sqrt[5]{\frac{975 \times 250}{830 \times 1.45 \times 10^{-6} \times 987^3}} = 732.3 \text{（mm）} \quad (7\text{-}36)$$

式中，γ 为 20 号透平油的体积质量，$\gamma = 830 \text{ kg/m}^3$，其他参数见前。

按耦合器的有效直径优先数圆整（GB/T 5837—2008《液力耦合器型式和基本参数》），$D_s = 750 \text{ mm}$，选定 YOX750 限矩型液力耦合器。其主要技术参数如下：

输入转速 $n_B = 1000 \text{ r/min}$（同步转速）；

传递功率范围 $170 \sim 330 \text{ kW}$；

过载系数 $T_g = 2 \sim 2.5$；

效率 $\eta = 0.96$；

外形尺寸 $D \times A = \phi860 \text{ mm} \times 570 \text{ mm}$；

充油量 $Q_{min} = 34 \text{ L}$，$Q_{max} = 68 \text{ L}$。

（5）校核起动过载能力。由参考资料可查得，在涡轮转速 $n_T = 0$，转速比 $I = 0$ 的零工况下，起动扭矩系数 $\lambda_Q = 1.75 \times 10^{-6} \text{ min}^2/(\text{m} \cdot \text{r}^2)$，则耦合器的起动过载系数 $T_{gQ} = \lambda_Q/\lambda_n = 1.75 \times 10^{-6}/1.45 \times 10^{-6} = 1.2$。

而 YKK400-6 电机的起动过载系数 $K_起 = 1.2$，所以 $T_{gQ} = K_起$。

故该耦合器对电机的起动过载能力是适宜的。

C　液力耦合器参数

液力耦合器参数见表 7-6。

表 7-6　液力耦合器参数

型　式	限矩型
型　号	YOX750
输入转速/r · min^{-1}	990
传递功率范围/kW	170~330
过载系数	2~2.5

D　YOX750 型液力耦合器的充油量

（1）工作油的质量标准。耦合器的工作油应具有较低的黏度、较大的体积质量、高闪点和低凝点，并且耐老化和腐蚀性小。工作油的质量标准如下：

运动黏度：$\nu = 32 \text{ mm}^2/\text{s}(-40 \text{ ℃})$；

体积质量：$\gamma = 0.83 \sim 0.86 \text{ g/cm}^3$；

闪点：大于 180 ℃；

凝点：大于 -10 ℃。

综合考虑，推荐采用 32 号或 46 号透平油。

（2）充油量。

耦合器型腔内充液量的多少用充液率表示，即

$$q_c = Q/Q_0 \tag{7-37}$$

式中　Q_0——循环圆全充满时的油量，L；

　　　Q——循环圆实际充油量，L。

最大充油量

$$Q = q_c \cdot Q_0 = q_c \cdot Q_{max}/q_{cmax} = 0.62227 \times 68/0.8 = 52.893 \quad (L)$$

32 号透平油的体积质量 $v = 0.83$ kg/dm^3 = 0.83 kg/L，故 $Q = 0.83 \times 52.893 = 43.901$ kg，即该耦合器的充油量不能超过 44 kg。

（3）易熔塞及油温报警装置。

当碎煤机过载时，耦合器涡轮停转，泵轮继续旋转，电机的机械能全部转换成热能，工作油的温度急剧上升。当油温接近 134 ℃，易熔塞的低熔点合金熔化（熔点 130~138 ℃），在离心力的作用下会径向喷油切断传动。

7.3.11　滚动轴承的选择及计算

7.3.11.1　轴承的选择

（1）估测轴承的计算寿命。根据运行经验，一般碎煤机为三班制工作。每天平均运行 10h 左右，每月工作 27 天，除大修及停机外，每年净运行 10 个月，因此碎煤机每年实际运行时间为 $10 \times 27 \times 10 = 2700$（h）。

考虑运行 2 年进行更换，故轴承的计算寿命 $L_H = 2 \times 2700 = 5400$（h）。

（2）计算额定动负荷选择轴承型号。由计算寿命 $L_h = 5400$ h，查表得寿命系数 $f_h = 2.04$；由转子转速 $n = 950.4$ r/min，查《机械设计手册》并且用反比例中插法求得速度系数 $f_n = 0.365 + [1 - (950.4 - 940)/(960 - 940)] \times (0.367 - 0.365) = 0.366$；考虑轴承只需承受中等冲击负荷，查表取负荷系数 $f_F = 1.5$；由轴承的工作温度低于 100 ℃，查表得温度系数 $f_T = 1$。因轴承仅承受纯径向载荷，故当量动负荷为：

$$P_{rA} = F_{rA} = 10905 \quad (kgf)$$
$$P_{Rb} = F_{rB} = 10876 \quad (kgf)$$

因此，轴承的额定动负荷为：

$$C_A = (f_h \cdot f_F)/(f_n \cdot f_T) \cdot P_{rA}$$
$$= (2.04 \times 1.5)/(0.366 \times 1) \times 10905 \times 9.8$$
$$= 8929.5 \quad (kN)$$
$$C_B = [(2.04 \times 1.5)/(0.366 \times 1)] \times 10876 \times 9.8 = 891.1(kN)$$

按 $C = C_A = 8929.5$ kN，通过查表发现 22330CC/C3W33 轴承能满足使用要

求，因此选定该型号轴承。

（3）轴承的实际预期寿命。与 22330CC/C3W33 轴承的实际接触角 β 有关的参数 $e = 0.36$，据此，该接触角

$\beta = \arctan(e/1.5) = \arctan(0.36/1.5) = 13°29'44.64''$。当 $F_a/F_r \leqslant e$ 时，径向系数 $X = 1$，轴向系数 $Y = 1.9$。因为轴向载荷 $F_a = 0$，所以 $F_a/F_r = 0/10908 = 0 < e$。故

$$P_A = XF_r + YF_a = 1 \times 10905 \times 9.8 + 1.9 \times 0 = 106.9 \quad (kN)$$

同理，$P_B = 106.6 \text{ kN}$。

而寿命系数：

$$f'_{hA} = f_n \cdot f_T/f_F \cdot C_A/P_A = 0.366 \times 1 \times 91173/1.5 \times 10905 = 2.04$$
$$f'_{hB} = f_n \cdot f_T \cdot C_B/f_F \cdot P_B = 0.366 \times 1 \times 90930.5/1.5 \times 10876 = 2.04$$

故左、右两轴承的实际预期寿命

$$L'_h = (f'_h)^\varepsilon \cdot 500 = 2.04^{10/3} \times 500 = 5384 \quad (h)$$

式中　ε——寿命指数，对于滚子轴承 $\varepsilon = 10/3$。

7.3.11.2　基本组 G 级精度 22330CC/C3W33 轴承的配合性质

由 GB/T 307.3—2017《滚动轴承　通用技术规则》，查得 G 级精度 22330CC/C3W33 双列向心球面滚子轴承内径和外径的制造公差及其检验的平均尺寸和允许误差，又根据碎煤机的轴与内圈、轴承座与外圈的配合，可进行如下计算。

A　内圈与轴

（1）由轴承检验的平均内径和公差计算。

平均过盈

$$Y_p^m = \frac{1}{2}(Y_{min}^m + Y_{max}^m) = \frac{1}{2} \times (0.065 + 0.115) = 0.09 \quad (mm)$$

配合公差

$$T_f^m = |Y_{min}^m - Y_{max}^m| = |0.065 - 0.115| = 0.05 \quad (mm)$$

（2）由轴承内圈的制造公差计算。

平均过盈

$$Y_p = \frac{1}{2}(Y_{min} + Y_{max}) = \frac{1}{2} \times (0.059 + 0.121) = 0.09 \quad (mm)$$

配合公差

$$T_f^m = |Y_{min} - Y_{max}| = |0.059 - 0.121|0.062 \quad (mm)$$

B　外圈与轴承座

（1）由轴承检验的平均外径和公差计算。

平均过盈

$$Y_p^m = \frac{1}{2}(Y_{min}^m + Y_{max}^m) = \frac{1}{2} \times (0 + 0.040) = 0.02 \quad (mm)$$

平均间隙

$$X_p^m = \frac{1}{2}(X_{min}^m + X_{max}^m) = \frac{1}{2} \times (0 + 0.057) = 0.0285 \quad (mm)$$

配合公差

$$T_f^m = |X_{max}^m - Y_{max}^m| = |0.057 - 0.040| = 0.017 \quad (mm)$$

（2）由轴承外圈的制造公差计算。

平均过盈

$$Y_p = \frac{1}{2}(Y_{min} + Y_{max}) = \frac{1}{2} \times (0 + 0.050) = 0.025 \quad (mm)$$

平均间隙

$$X_p = \frac{1}{2}(X_{min} + X_{max}) = \frac{1}{2} \times (0 + 0.067) = 0.0335 \quad (mm)$$

配合公差

$$T_f^m = |X_{max} - Y^{max}| = |0.067 - 0.050| = 0.017 \quad (mm)$$

由此可知，基本组 G 级精度 22330CC/C3W33 轴承的名义过盈量为：内圈 $Y = 0.09$ mm，外圈 $Y = 0.02$ mm。

7.3.11.3　采用大游隙轴承提高轴承的极限转速

查表得 22330CC/C3W33 轴承的极限转速 $n_{脂} = 850$ r/min（脂润滑）。

承受的当量动负荷

$$P \leqslant 0.1C = 0.1 \times 93100 \times 9.8 = 91.2 \quad (kN)$$

而碎煤机需轴承承受的当量动负荷为 $10905/93100 \cdot C = 0.117C > 0.1C$，且转速 $n = 950.4$ r/min $> n_{脂}$，因此，需采用增大游隙的措施以提高轴承的极限转速，满足碎煤机运行要求。选取 22330CC/C3W33 轴承，该轴承的径向原始游隙 $C_0 = 220 \sim 280$ μm。

安装后的配合游隙为：

内圈与轴 $C_p = C_0 - 0.65y = (220 \sim 280) - 0.65 \times 0.09 = 219.94 \sim 279.94$ μm；

外圈与轴承座 $C_p = C_0 - 0.55y = (220 \sim 280) - 0.55 \times 0.02 = 219.98 \sim 279.98$ μm，因相差无几，因此取 22330CC/C3W33 轴承配合游隙 $C_p = C_0 = 0.22 \sim 0.28$ mm。

7.3.11.4　润滑脂的更换周期

对于 22330CC/C3W33 调心轴承采用 MoS_2 锂基润滑脂润滑，其更换周期为：

$$t_h = \frac{27 \times 10^6}{kn\sqrt{d}} - 2d = \frac{27 \times 10^6}{1 \times 950.4 \times \sqrt{150}} - 2 \times 150 = 2020 \quad (h) \quad (7-38)$$

式中　k——轴承直径系列常数，中系列 $k = 1$。

$$t_月 = \frac{t_h}{10} \times 27 = \frac{2020}{10} \times 27 = 5454 \text{ h} = 227.25 \text{ 天} = 7.6 \text{ 月}$$，即大致换油时间为每 8 个月换一次。

7.4 计算和选型结果小结

碎煤机的主要参数及其配套的电机、液力耦合器轴承等的设计计算和选型结果见表 7-7。

表 7-7 设计参数

主参数	生产能力/t·h⁻¹	600
	最大入料块度/mm	≤300
	出料粒度/mm	≤25
	转子直径/mm	900
	转子工作长度/mm	1660
	转子线速度/m·s⁻¹	44.76
	转动体质量/kg	3665
	转子飞轮矩/kN·m²	2.6
	转子扰力值/kN	36.08
电机	型号	YKK400-6
	功率/kW	250
	电压/V	6000
	转速/r·min⁻¹	990
	防护等级	IP54
	冷却方法	空空冷却
	质量/kg	2610
液力耦合器	型号	YOX750
	输入转速/r·min⁻¹	990
	传递功率范围/kW	170~330
	过载系数	2~2.5
	效率/%	96
	质量/kg	250
	垂直载荷/kN	349.72
	水平载荷/kN	90.94
轴承	型号	22330CC/C3W33

7.5 碎煤机试制

7.5.1 产品设计的主要特征

本环锤式碎煤机是在紧紧围绕"技术协议"的要求，以目前较为先进的国产 KRC 型碎煤机为基型，消化吸收其优点，结合曾研制的同一系列出力为 600 t/h 的 HCSC6 型碎煤机经验的基础上设计而成的，主要有以下独到之处。

（1）在国内首次采用低转速大功率限矩型液力耦合器传动，既能有效地保护电机，又能改善起动特性和降低起动电流，还可隔离扭振，使传动平稳。

（2）根据煤种的不同和水分的大小，设计了几种不同形状的筛板，可视工况组合选用，在保证出料粒度的前提下可以减少堵煤。

（3）设置了风量调节控制装置，使碎煤机进料口呈微负压，出料口的鼓风量不大于 1500 m³/h。

（4）在筛板架下设置了安全销，当严重过载时会自动剪断，以确保设备安全。

（5）在转子圆盘和摇臂外缘对焊了耐磨材料，可延长转子寿命。

（6）配置了可以进行数字显示、微机处理、自动记录事故的监控盘。设备在工作时，可以连续监测显示轴承座振幅、轴承温度、碎煤机噪声、堵煤信号等。当超过预警值时，发出预警声，输出预警信号；当超过报警值时，发出报警声，输出停机信号。

7.5.2 技术要求

根据设计要求，结合生产厂的生产条件，借鉴国内外相关标准，制定了严于部颁标准的企业标准，明确了零部件应遵循的通用及专业标准。零部件的技术要求均按部颁标准中优等品的要求制定，部装、总装及试车都有专门的技术要求。为确保产品质量，提出了必要而可靠的准则。

7.5.3 产品的制造

7.5.3.1 加工

在产品设计完成后，进行了详细的工艺审查。在确保本机性能的前提下，大部分零部件与现有的设备、工艺装备水平和技术水平相适应，对于有特殊要求（尺寸和形位公差）的零部件设置了 60 余套专用工装，所有零件的加工，以及原材料、外购件，都达到了设计要求，为整机的质量奠定了基础。

7.5.3.2 装配

由于所有零件的加工均达到了图样要求，因此装配工作较为顺利。在部装中，重要性高、难度大的是碎煤机转子。

转子是本产品的主要工作部件，是整机的核心。其转速高，工作环境恶劣，配合处的过盈量大。装配前，对主轴上的各零件逐一测量，视承载分布，排出顺序，而后采用工装热装，保证了装配精度和原有的过盈，进而保证了承受冲击载荷的能力。在未装环锤前，进行了静平衡与动平衡试验，达到了 G6.3 级以上的精度。

设备的总装在平衡台上进行，对安装位置要求较严格的零部件，设置了专用工装，有效地控制了相对误差。各机体之间采用配做的方式，保证了联接精度和强度、刚度。"可动"部分灵活可靠，无卡阻、干涉现象。

7.5.3.3 主要部件的技术关键

A 主轴

主轴是中心，是承载最大、精度要求最高的零件。碎煤机的安装对其内在及表面质量和各要素的尺寸及形位公差要求较严。

主轴的毛坯是铸锭或锻件。锻后的毛坯经热处理、消除内应力处理及粗车后，进行了无损探伤检测，允许的夹杂当量和数量都符合碎煤机主轴的技术要求。主轴表面的精加工在大型外圆磨床上进行，确保其尺寸精度和同轴度、外圆跳动等的形位公差都符合要求。

本机的主轴采用双键槽结构，给加工带来了很大难度，因此专门设计了具有进给反馈动力的工装并采取了相应的措施，保证了双键槽的"三维"对称度，因而装配比较顺利，载荷分布也比较合理。

B 摇臂和圆盘

摇臂和圆盘加工的技术关键是双键槽，用高精度插床加工，并配置了心轴定位的专用工装及相应的检具，经检测完全达到了设计、装配要求。

C 焊接结构

本机的焊接结构占整机重量的一半以上，其质量关系到整个设备的安全性和可靠性及外观。

焊前对下料的散件进行了校形、表面处理，焊后进行了消除应力处理，消除了因焊接引起的变形超差对组装和密封的影响。下机体的一般加工面在刨床上加工，轴承座垫板在落地镗床上加工，有效保证了两轴承座垫板间的相对平面度，为整机的运转稳定创造了条件。在轴承座垫板上还预留了"找正平面"，极大地方便了设备的安装调试。

D 空载试验

本机总装完毕后，在厂内按《碎煤机空载试验规程》（QJ/SXD-04-07-90）进行了空载试验，这也是产品出厂前的综合性检验。空载试验在试验台上进行，碎煤机连续运行 4 h。试车中，依据质量标准要求，对轴承座的垂直振幅和水平振幅、轴承温度等进行了测试。其中，振幅用 YCZ-1 型振动测量仪测试，温度用点温计测试。经测试各项技术指标都达到了"标准"要求，具备出厂投运条件。

E 设计、工艺的验证

所制产品空载试验的成功证明该产品的设计是可行的，所提的技术要求也是适宜的。由于准备周密，因此材料的代用、差错、工艺及临时性变更比较少。碎煤机制造中采用的工艺方案，为确保制造质量、形成小批量生产规模及降低生产成本和提高生产效率创造了条件。为保证关键要素甚至采用了个别使成本增高的方案。

在制造 HCSC6 型碎煤机的过程中，对原设计进行了一定的改进，主要原因如下：

（1）设计的完成时间与开始试制的时间间隔较长，因此引入新技术和新工艺对原设计不足之处进行了改进；

（2）制造过程中发现了不利的工艺因素；

（3）根据新的信息反馈而改进；

（4）材料代用。

本机对原设计的主要改进如下：

（1）原设计的轴承座为整体式稀油润滑，密封、维护、检修的难度大，且刚性差，现改为对开式结构，采用高温性能好的润滑脂润滑，并采取了提高刚度的措施。

（2）原设计的壳体刚度欠佳，改进后既提高了整机的刚度及稳定性，又方便了大型件的机加工，并在轴承座垫板上预留了"找正平面"，因此极大地减小了安装难度。

（3）除铁室内增设了"反弹"设施，方便了运行维护。

（4）鼓风量调节部分的改进，安全、有效地控制了鼓风量，使之达到了最佳效果。

（5）在前后机盖处新增了"限位支腿"，使机盖开启时不会发生过"死点"现象，这点在国内同类型设备中还未见到。

整机制造的初步结论如下：

（1）设计先进，较好地吸收了 KRC 型系列碎煤机的优点，具有独到之处；

（2）结构合理，便于制造、安装及维护检修；

（3）性能可靠，适应性强，是一种理想的碎煤设备；

（4）监控盘的设置有利于安全运行和输煤系统的自动控制；

（5）本机经总装、测试和试运转达到了设计规定的各项技术性能指标；

（6）本机安全销拆卸不便，有待进一步改进；

（7）本机的设计图样与文件、工艺文件及专用工装文件均齐全和完整，具备小批量生产的条件。

7.6 碎煤机的安装

7.6.1 安装前的准备

（1）仪器、工具及附件的准备。准备内容包括：1）装配用一般标准工具；2）精度为 0.1 mm/m 水准仪、墨线和 10 m 软尺各 1 件；3）紧固件；4）调整垫片；5）20 t 吊车，起吊用钢绳。

（2）清理和平整安装基础平面。

7.6.2 碎煤机的安装步骤

（1）应在水泥基础完全凝固干化，具有足够的强度后，才可进行安装工作。

（2）在基础上碎煤机、电机的中心位置打上墨线。

（3）下机体按基准线就位，同时在轴承座垫板上用水准仪找正水平度，转子轴的轴向和径向水平度允许误差为±0.5 mm。

（4）调整好水平度后，将弹簧垫和调整垫铁焊牢。

（5）进行二次灌浆，待完全凝固后，拧紧地脚螺栓。

（6）按上述步骤安装电机底座。

7.6.3 限矩型液力耦合器的安装

（1）在安装液力耦合器的过程中，不得使用铁锤等硬物击打设备外表。

（2）应将液力耦合器输出轴孔套在碎煤机的主轴轴端上。

（3）应移动电机，让其轴端插入液力耦合器主动联轴节的孔中，且必须保证两者的轴间间隙为 2~4 mm。

（4）用塞尺和平尺（用光隙法）分别检查碎煤机和电机轴的角度误差和同轴度，允许误差不大于 0.20 mm。

7.7 液压系统的操作与维护

7.7.1 液压系统的安装

（1）液压系统的安装可以参考液压系统原理图进行。

（2）安装前应认真清洗各液压元件。应该用酸清洗管道内部，并清除铁锈等杂物。

7.7.2 液压站起动前的检查

（1）起动前油箱的液面要位于油标的上部，起动后，油箱的液面应处于油标中可以看见的位置。若从油标中看不到油箱的液面则必须补充油。

（2）检查管路各接头联接是否可靠。

（3）检查油泵电机的转向是否正确。正确的转向是从轴头方向看应为顺时针旋转。

7.7.3 油泵的起动与运行

（1）油泵第一次起动之前，应该向油泵内注满工作油。

（2）卸载泵的排出管，缓缓转动电机，排出油泵内及管路中的空气（或反复起动电机）。

（3）电机停转后，需间隔 1 min 方可重新起动。

（4）调整溢流阀的压力到 8.5 MPa。液压站在出厂时已调整好了，用户无需调整。若需更高的工作压力可作相应的调整，但不允许超过 14 MPa。

7.7.4 液压系统的维护

（1）工作油选用 ISO VG32 号、46 号液压油。

（2）正常油温 10～60 ℃。若起动时油温低于 0 ℃，应对油预热。待油温升至 5 ℃后，方可运行。

（3）系统的过滤精度不低于 30 μm，吸油口滤油器精度为 180 μm，压力管路滤油器过滤精度为 830 μm，空气滤清器过滤精度为 380 μm 网过滤。

（4）液压站的压力管路滤油器配置了压差发讯装置，当滤芯堵塞到进出口压差为 0.35 MPa 时，液压站的指示灯会亮，标明此时应该清洗或更换滤芯。

（5）定期对工作油进行取样检查，检查油的颜色、透明度、沉淀物、气味等。若油已变质或已被严重污染，应及时更换。一般最初 3 个月换油一次，以后每半年更换一次。

（6）在不工作的状况下快速接头应进行防尘保护。

机器的故障及其排除方法见表7-8。

表 7-8　机器的故障及其排除方法

序号	故障类型	原　　因	排　除　方　法
1	碎煤机振动	环锤碎裂或严重磨损失去平衡	重新选装环锤
		轴承损坏或径向游隙过大	更换轴承
		电机与液力耦合器安装不同心	重新找正

序号	故障类型	原　　因	排　除　方　法
1	碎煤机振动	给料不均匀，造成环锤不均匀磨损	调整给料装置，在转子长度上均匀布料
		轴承座螺栓或地脚螺栓松动	紧固松动的螺栓
2	轴承温度超过90℃	轴承径向游隙过小或损坏	更换3G或4G大游隙轴承，增大游隙
		润滑油不足	补加润滑油
		润滑油已变质	更换润滑油
3	碎煤机腔内产生连续的敲击声	不易破碎的异物进入了破碎腔	停机清除异物
		固定破碎机、筛板等的螺栓松动，环锤打在其上发出声响	紧固螺栓和螺母
		环锤轴磨损太大	更换环锤轴
4	排料中大于25mm粒径的煤块明显增加	筛板与环锤间隙过大	重新调整间隙
		筛板孔有折断处	更换筛板
		环锤磨损过大	更换环锤
5	产量明显降低	给料不均匀	调整给料装置
		筛板孔堵塞	清理筛板孔，检查煤的含水量和含灰量
6	泵虽排油但达不到工作压力	溢流阀动作不良	拆卸阀体，检查修复
		油压回路无负荷	检查油路，加负荷
		系统漏油	检查管道，制止漏油
7	有压力但不排油或容积效率下降	泵内密封体损坏	与制造厂家联系进行修理
		吸入异物，在滑动部分产生异常摩擦	进行检查，排除异物
		吸入管太细或被堵塞	允许吸入真空度为14.66 kPa
		吸入过滤器堵塞	清洗过滤器
		吸入过滤器容量不足	过滤器的容量应为使用容量的2倍
		吸入管或其他部位吸入了空气	向吸入管注油，找出不良处
		油箱内有气泡	检查回油路，防止产生气泡
8	噪声过大	油箱的液面低	加油至规定油箱液面
		泵的安装基础刚性不足	提高安装基础刚度
		转速和压力超出规定值	检查转速、压力及油路

序号	故障类型	原　因	排　除　方　法
9	油泵发热	容积效率不良，泵内进入了空气	排除空气，提高容积效率
		轴承损坏	更换轴承
		油黏度高，润滑不良或油污染严重	更换润滑油
10	液力耦合器油温过高	充油量减少	补加到所需要的油量
		超载	减小载荷
11	液力耦合器运转时漏油	热保护塞或注油塞上的O型密封圈损坏或没拧紧	更换密封圈或拧紧注油塞
		后辅室或外壳与泵轮联接处O型密封圈损坏	更换密封圈
		后辅室或外壳与泵轮结合面没拧紧	拧紧该两处的联接螺栓
12	停车时漏油	输出轴处的油封损坏	更换油封
13	起动或停车时有冲击声	弹性块过度磨损	更换弹性块
14	电动机被烧毁	充油量过多	按需要的充油量加油

7.8　碎煤机运行时车间空气中煤尘质量浓度及噪声的测试

7.8.1　空气粉尘浓度的测试

7.8.1.1　测试方法

按照 GBZ/T 192.1—2007《工作场所空气中粉尘测定　第1部分：总粉尘浓度》中的测试方法测试车间空气中煤尘的质量浓度。

7.8.1.2　测量仪器

选用 FC-2 型粉尘采样器。

7.8.1.3　测点布置

测点布置如图 7-4 所示，共 4 点。

7.8.1.4　测试数据

测试数据见表 7-9。

7.8.1.5　结论

测试结果表明，HCSC6 型碎煤机周围的粉尘质量浓度平均值为 8 mg/m³，符合《工业企业设计卫生标准》（GBZ 1—2010）中 "生产性粉尘质量浓度不大于10 mg/m³" 的规定。说明本机在防止粉尘污染方面的性能优越。

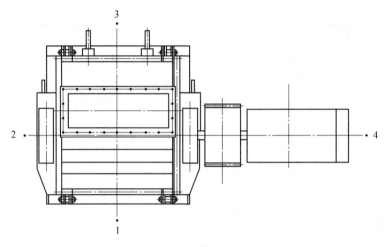

图 7-4   测点布置

表 7-9   测试数据

设备名称	环锤式碎煤机			
设备型号	HCSC6 型			
设备生产能力/t·h⁻¹	600			
测试位置	碎煤机周围			
测点编号	1	2	3	4
采样时间/min	10	10	10	10
采样流量/L·min⁻¹	20	20	20	20
滤膜初质量/g	0.1737	0.1775	0.1108	0.1094
滤膜终质量/g	0.1755	0.1794	0.1119	0.1110
采样净质量/g	0.0018	0.0019	0.0011	0.0016
煤尘质量浓度/mg·m⁻³	9.00	9.50	5.50	8.00

7.8.2   碎煤机车间噪声的测试

对 HCSC6 型环锤式碎煤机在额定负荷和空载运行情况下的噪声分别进行测试。

7.8.2.1   测量仪器

选用 SJ₂ 精密声级计。

7.8.2.2   测量布置

测点布置如图 7-5 所示，共 3 点。

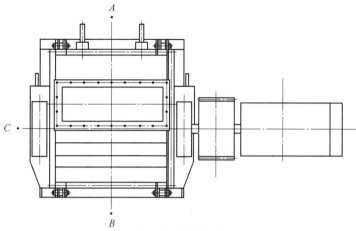

图 7-5 测点布置

7.8.2.3 测试数据

测试数据见表 7-10。

表 7-10 测试数据 (dB(A))

项　　目	空载	负载
测点 A	83	93
测点 B	82.5	92.0
测点 C	84.5	90.0
平均值	83.3	91.6
设计值	90	95

7.8.2.4 结论

由表 7-10 可以看出，空载噪声平均值为 83.3 dB(A)，负载噪声平均值为 91.6 dB(A)，符合《工业企业噪声卫生标准》的规定。

7.9 碎煤机轴承温度的测试

7.9.1 选择测试位置

（1）根据碎煤室的布置情况，选择 b# 碎煤机为测试对象。

（2）依照《HCS 系列环锤式碎煤机空载试验规程》（QJ/SXD-04-07-90），结合 b# 碎煤机的具体工况，确定了 HCSC6 型碎煤机轴承温度的测试位置，如图 7-6 所示。

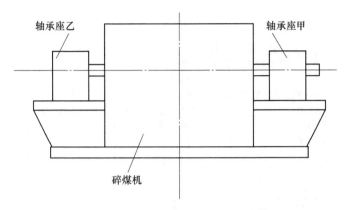

图 7-6　轴承温度和轴承座振幅测试位置

7.9.2　测试条件

（1）b#碎煤机空载运行，b 路输煤系统其他设备停机。

（2）在无异常情况下，连续运行 2 h，轴承温度稳定后，不少于 0.5 h。

（3）空载运行时，记录且观察轴承温度的变化情况：轴承温度上升时继续运行，当在标准以下的某一温度值稳定达到运行时间要求时，即可停止；若轴承温度继续上升达到标准值时，必须停机检查排除故障，重新试运行。

（4）测试仪器选用 95 型半导体点温计。

7.9.3　测试数据

在室温为 18 ℃时测得的轴承温度见表 7-11。

表 7-11　轴承温度测试数据

测定项目	轴承座甲	轴承座乙
轴承	28（运行 2 h）	24（运行 2 h）
温度/℃	32（运行 4 h）	30（运行 4 h）

7.9.4　测试结果分析

（1）测得的轴承座甲和轴承座乙连续运行 2 h 和 4 h 的温度均小于标准值（环境温度+温升不大于 80 ℃）。

（2）测试数据表明，在碎煤机的正常工作条件下，轴承温度符合《HCS 系列环锤式碎煤机》（QJ/SXD-02-01-89）对轴承温度的要求。

（3）本机设计合理，轴承温度在合适范围内。

7.10 碎煤机轴承座振幅测试

7.10.1 选择测试位置

（1）根据碎煤室的布置情况，选择 b# 碎煤机为测试对象。

（2）依照《HCS 系列环锤式碎煤机空载试验规程》（QJ/SXD-04-07-90），结合 b# 碎煤机的具体工况，确定了 HCSC6 型碎煤机轴承温度的测试位置，分别为碎煤机甲、乙两轴承座，如图 7-6 所示。在两轴承座处，分别测量了垂直方向和水平方向的振幅。

7.10.2 测试条件

（1）b# 碎煤机空载运行 6 h，b 路输煤系统其他设备停机。

（2）碎煤机空载运行时，操纵筛板调节机构，上调至环锤与筛板有轻微的摩擦声时，再下调至所需的筛板间隙。

（3）测试时环境温度为 17 ℃。

（4）测试仪器选用 YCZ-1 型振动测量仪。

7.10.3 测试数据

测试数据见表 7-12。

表 7-12　轴承座振幅测试数据

测定项目	轴承座甲	轴承座乙
轴承座	垂直振幅⊥0.010	垂直振幅⊥0.010
振幅/mm	水平振幅-0.009	水平振幅-0.007

7.10.4 测试结果分析

（1）轴承座振动振幅标准值为：合格品不大于 0.15 mm，一等品不大于 0.08 mm，优等品不大于 0.03 mm。而本机轴承座甲和轴承座乙的垂直振幅和水平振幅均小于 0.03 mm，达到了优等品要求。

（2）测试数据表明，在碎煤机的正常工作条件下，轴承座振幅符合《HCS 系列环锤式碎煤机》（QJ/SXD-02-01-89）对轴承座振幅的要求。

（3）本机设计合理，轴承座振幅在合适范围内。

8 风 机

破碎机在工作过程中会产生大量的粉尘和废气，连接风机可以将粉尘和废气排到室外，使生产车间空气保持清新。本章主要介绍通风机和矿用风机。由于通风机的工作压力较低，其全压不大于 1407 kPa，因此可以忽略气体的压缩性。这样，在通风机的理论分析和特性研究中，气体运动可以按不可压缩流动处理。矿用防爆抽出式通风机既可用于煤矿、金属矿、化学矿、隧道、人防工程的通风，也可用于冶金、化工、纺织、建材等行业的通风。矿用隔爆型局部通风机主要用于矿井和输送瓦斯、煤尘等等燃气体的场所。

8.1 风机的分类与构造

8.1.1 风机分类

8.1.1.1 按风机工作原理分类

按风机工作原理的不同，有叶片式风机和容积式风机 2 个大类。其中：叶片式风机是通过叶轮旋转将能量传递给气体的，又可分为离心式风机、轴流式风机和混流式风机 3 个小类；容积式风机是通过工作室容积周期性改变将能量传递给气体的，又可分为往复式风机和回转式风机 2 个小类。

8.1.1.2 按风机工作压力（全压）大小分类

(1) 风扇。标准状态下，风机额定压力范围为 $p < 98$ Pa。此风机无机壳，又称自由风扇，常用于建筑物的通风换气。

(2) 通风机。设计条件下，风机额定压力范围为 98~14710 Pa。一般风机均指通风机，即本章所论述的风机。通风机是应用最为广泛的风机，空气污染治理、通风、空调等大多采用此类风机。

(3) 鼓风机。工作压力范围为 14.71~196.12 kPa。压力较高，是污水处理曝气工艺中常用的设备。

(4) 压缩机。工作压力范围为 $p > 196.12$ kPa。气体压缩比大于 3.5 的风机如常用的空气压缩机也属此类。

8.1.2 通风机分类

通风机按工作压力大小可分为离心式风机和轴流式风机 2 个大类。其中，离心式风机又可分为低压风机（$p \leqslant 980$ Pa）、中压风机（980 Pa $< p \leqslant$ 2942 Pa）和高压风机（2942 Pa$<p<$14710 Pa）3 个小类，轴流式风机又可分为低压风机（$p \leqslant 490$ Pa）和高压风机（490 Pa$<p<$4900 Pa）2 个小类。

8.1.3 离心式风机主要部件

离心式风机的主要部件有叶轮、集流器、涡壳和进气箱等。

8.1.3.1 叶轮

叶轮是离心式风机传递能量的主要部件，它由前盘、后盘、叶片及轮毂等组成。叶片有后弯式、径向式和前弯式 3 类。后弯式叶片按形状又分为机翼形、直板形和弯板形 3 类。前盘有平直、锥形和弧形 3 类，如图 8-1 所示。

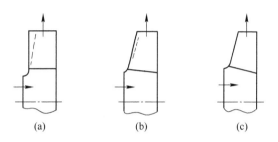

图 8-1　前盘形式

（a）平直前盘；（b）锥形前盘；（c）弧形前盘

8.1.3.2 集流器

将气体引入叶轮的方式有两种：一种是从大气直接吸气，称为自由进气；另一种是用吸风管或进气箱进气。不管是哪一种进气方式，都需要在叶轮前安装进口集流器。集流器的作用是保证气流能均匀地分布在叶轮入口断面，达到进口所要求的速度，并在气流损失最小的情况下进入叶轮。集流器按形状可分为圆柱形、圆锥形、弧形、锥柱形和锥弧形等 5 类，如图 8-2 所示。弧形和锥弧形集流器的性能都比较好，大型风机为提高通风效率，大都采用这两类集流器。特别是高效风机，基本上都采用锥弧形集流器。

8.1.3.3 涡壳

涡壳的作用是汇集叶轮出口气流并引向风机出口，与此同时将气流的一部分动能转化为压能。涡壳外形以对数螺旋线形或阿基米德螺旋线形为最佳。涡壳轴面为矩形，并且宽度不变。

涡壳出口处气流速度很大，为了有效利用气流的能量，在涡壳出口安装了扩压器。由于涡壳出口气流受惯性作用向叶轮旋转方向偏斜，因此扩压器一般做成沿偏斜方向扩大，其扩散角通常为 6°～8°，如图 8-3 所示。

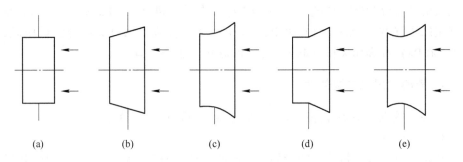

图 8-2 集流器形式

(a) 圆柱形；(b) 圆锥形；(c) 弧形；(d) 锥柱形；(e) 锥弧形

离心风机涡壳出口部位有舌状结构，一般称为涡舌（见图 8-3）。涡舌可以防止气体在机壳内循环流动。一般有涡舌的风机的效率、压力均高于无舌风机的。

8.1.3.4 进气箱

气流进入集流器有 3 种方式：一种是自由进气；另一种是吸风管进气，该方式要求有足够长的轴向吸风管长度；再一种是进气箱进气。当吸风管进气在进入集流器前需设弯管变向时，可以在集流器前装设替代弯管的进气箱，以改善进风的气流状况。进气箱如图 8-4 所示。

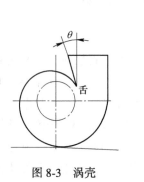

图 8-3 涡壳

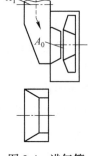

图 8-4 进气箱

进气箱的形状和尺寸会影响风机的性能，为了使进气箱能给风机提供良好的进气条件，对其形状和尺寸的要求如下。

（1）进气箱的过流断面应是逐渐收缩的，可以使气流被加速后进入集流器。进气箱底部应与进风口齐平，防止出现台阶而产生涡流（见图 8-4）。

（2）进气箱进口断面面积 A_{in} 与叶轮进口断面面积 A_o 之比不能太小，太小会使风机压力和效率显著下降。一般 A_{in}/A_o 不小于 1.5，最好在 1.25 ~ 2.0 之间（见图 8-4）。

（3）进气箱与风机出风口的相对位置以 90°为最佳，即进气箱与出风口呈正交；而当两者平行呈 180°时，气流状况最差。

8.2 风机性能参数计算

8.2.1 风机性能参数与无量纲性能参数

无量纲性能参数是几个性能参数的无量纲组合，同一无量纲参数可以由这些不同的性能参数组合而成。因此，相似系列风机的对应工况点虽然具有同一无量纲参数，但是这些点的性能参数并不相同。利用无量纲性能曲线选择风机和对风机性能参数进行校核，都需根据无量纲参数和风机转速 n 及叶轮直径 D_2 计算风机的风量、全压和功率。采用无量纲参数 $\bar{Q}$、$\bar{p}$、$\bar{N}$ 的表达式，并考虑叶轮圆盘面积 A_2 和叶轮出口牵连速度 u_2 的关系，可得风量、全压和功率的计算式。

$$Q = u_2 A_2 \bar{Q} = \frac{n D_2^{\,3}}{24.3} \bar{Q} \quad (\text{m}^3/\text{s}) \tag{8-1}$$

$$p = \rho u_2^{\,2} \bar{p} = \frac{\rho n^2 D_2^{\,2}}{365} \bar{p} \quad (\text{N}/\text{m}^3) \tag{8-2}$$

$$N = \frac{\rho u_2^{\,3} A_2}{1000} \bar{N} = \frac{\rho n^3 D_2^{\,5}}{8\,870\,000} \bar{N} \quad (\text{kW}) \tag{8-3}$$

8.2.2 非标准状态与标准状态的性能参数变换

风机性能参数风压是指在标准状态下的全压。标准状态是指在压力 $p_{20} = 101.3\,\text{kPa}$，温度 $t = 20\,℃$，相对湿度 $\varphi = 50\%$ 时的大气状态。一般风机的进气不是标准状态，而是任一非标准状态，标准和非标准两种状态下的空气物性参数不同。空气密度的变化会使标准状态下风机的全压也随之变化。在非标准状态下应用风机性能曲线时，必须进行参数变换。

相似定律表明，当 1 台风机进气状态变化时，其相似条件满足 $\lambda = 1$（即 $D_2 = D_{2\text{m}}$），$n = n_\text{m}$，$\rho \neq \rho_\text{m}$，此时相似三定律为：

$$\frac{Q}{Q_\text{m}} = 1 \;;\; \frac{p}{p_\text{m}} = \frac{\rho}{\rho_\text{m}} \;;\; \frac{N}{N_\text{m}} = \frac{\rho}{\rho_\text{m}} \tag{8-4}$$

若标准进气状态的风机全压为 p_{20} 和空气密度为 ρ_{20}，非标准状态下的空气密度为 ρ 和风机全压为 p，则全压关系有

$$p_{20} = \rho_{20} \frac{p}{\rho} \quad (\text{N}/\text{m}^3) \tag{8-5}$$

一般风机的进气状态就是当地的大气状态，根据理想气体状态方程

$p = \rho RT$ 有

$$\frac{\rho_{20}}{\rho} = \frac{p_{20}}{p_a}\frac{T}{T_{20}} \tag{8-6}$$

式中，p_a、ρ 和 T 分别是风机在使用条件（即当地大气状态）下的当地大气压、空气密度和温度。将式（8-6）代入式（8-5）可得

$$p_{20} = p \times \frac{p_{20}}{p_a}\frac{T}{T_{20}} = p \times \frac{101325}{p_a} \times \frac{273 + t}{293} \quad （N/m^3） \tag{8-7}$$

利用此式，可将使用条件（p_a，T）下的风机全压 p，变换为标准进气状态（p_{20}，T_{20}）下的风机全压 p_{20}。

8.2.3　风机比转数

风机比转数在风机的选型中有重要作用，特别是对于种类繁多的离心风机无量纲性能曲线的选型更为方便。风机比转数的概念同水泵比转数，比转数在应用中的意义也相同。

风机比转数的计算公式为：

$$n_s = \frac{n\sqrt{Q}}{p_{20}^{3/4}} \tag{8-8}$$

式中　n ——转速，r/min；

Q ——流量，m^3/s；

p_{20} ——标准状态下的风机全压，Pa。

目前，风机型号编制中的比转数，就是按式（8-8）和规定单位计算的结果。风机比转数 n_s 是对单个叶轮而言的，对于多级（级数为 i）风机和双吸风机，其比转数分别为：

$$n_s = \frac{n\sqrt{Q}}{\left(\dfrac{p_{20}}{i}\right)^{3/4}} \tag{8-9}$$

$$n_s = \frac{n\sqrt{\dfrac{Q}{2}}}{p_{20}^{3/4}} \tag{8-10}$$

比转数也是风机的基本性能参数之一，前面对于性能参数的有关讨论也同样适用于比转数。另外，比转数 n_s 的大小还与计算采用的单位有关，以下就这些问题分别进行讨论。

8.2.3.1　非标准状态工作的比转数

比转数计算式中的风压 p_{20} 是标准状态进气时的全压。当为非标准状态进气

时，应按式（8-5）计算风机在实际工作状态下的比转数，即

$$n_s = \frac{n\sqrt{Q}}{1.2\left(\dfrac{p}{\rho}\right)^{3/4}} = 0.872\,\frac{n\sqrt{Q}}{\left(\dfrac{p}{\rho}\right)^{3/4}} \tag{8-11}$$

式（8-5）中的标准状态空气密度 $\rho_{20} = 1.2\ \mathrm{kg/m^3}$。

8.2.3.2 风机比转数与单位制

比转数是一个有量纲的性能参数，所以按式（8-8）计算的风机比转数的值与各物理量的单位有关。当转速 n 的单位（r/min）和流量 Q 的单位（$\mathrm{m^3/s}$）保持不变时，比转数 n_s 的值仅与全压 p_{20} 的单位有关。我国风机型号编制中的 n_s 值，就是 p_{20} 采用工程单位制的结果，其单位是 $\mathrm{kgf/m^2}$ 或 $\mathrm{mmH_2O}$。当 p_{20} 采用国际单位制时，n_s 值也随之改变。

风机全压 p_{20} 采用国际单位制时单位应为 $\mathrm{N/m^2}$，因为 1 $\mathrm{kgf/m^2} = 9.807\ \mathrm{N/m^2}$ $= 1\ \mathrm{mmH_2O}$，则比转数变为：

$$n_s = \frac{n\sqrt{Q}}{\left(\dfrac{p_{20}}{9.807}\right)^{3/4}} = 5.54\,\frac{n\sqrt{Q}}{p_{20}^{3/4}} \tag{8-12}$$

即采用工程单位制的比转数比采用国际单位制的比转数大 5.54 倍。如 4-73 型普通通风机，比转数 73 是采用工程单位制计算的取值结果，当 p_{20} 采用国际单位制时，比转数变为 13.21，按风机型号编制方法应为 4-13 型风机。

8.2.3.3 无量纲性能参数与比转数

利用风机的无量纲性能曲线时，若能直接采用无量纲性能参数计算比转数，则较为方便。因此应将式（8-8）中的参数用无量纲性能参数表示。

仍采用式（8-1）和式（8-2）中的基本关系，因为 $u_2 = \dfrac{\pi D_2^2 n}{60}$，$A_2 = \dfrac{\pi D_2^2}{4}$，

所以 $n = \dfrac{60u_2}{\pi D_2}$，$Q = u_2 A_2 \overline{Q} = \dfrac{\pi D_2^2}{4} u_2 \overline{Q}$，$p_{20} = \rho_{20} u_2^2\, \overline{p_{20}}$。

将以上关系代入式（8-8）中，有

$$n_s = \frac{n\sqrt{Q}}{p_{20}^{3/4}} = \frac{\dfrac{60u_2}{\pi D_2}\sqrt{\dfrac{\pi D_2^2}{4} u_2 \overline{Q}}}{(\rho_{20} u_2^2\, \overline{p_{20}})^{3/4}} = \frac{30}{\sqrt{\pi}\,\rho_{20}^{3/4}} \times \frac{\sqrt{\overline{Q}}}{\overline{p_{20}}^{3/4}}$$

标准状态下，$\rho_{20} = 1.2\ \mathrm{kg/m^3}$，则上式可写为：

$$n_s = 14.8\,\frac{\sqrt{\overline{Q}}}{\overline{p_{20}}^{3/4}} \tag{8-13}$$

当风机全压的单位采用国际单位制（N/m²）时，比转数还应满足式（8-13）的关系，则有

$$n_s = 82 \frac{\sqrt{Q}}{p_{20}^{3/4}} \qquad (8\text{-}14)$$

即在利用风机的无量纲性能参数计算比转数时，采用工程单位制的 n_s 值比国际单位制大 82 倍。如 4-73 型风机在设计工况（$\eta_{max} = 93\%$）下的无量纲性能参数 $\overline{Q}$ =0.230，$\overline{p}$ =0.437，则按式（8-14）计算的比转数 n_s =73.2。

8.3 矿用风机简介

8.3.1 矿用风机种类

常见矿用风机如下：
（1）FBCDZ 系列地面用防爆抽出式对旋轴流通风机（带消声器）；
（2）FBCZ 系列煤矿地面用防爆抽出式轴流通风机；
（3）FBD（BSDF）系列煤矿用防爆型对旋局部通风机；
（4）SDF 系列低噪声对旋轴流式局部通风机；
（5）SF 系列低噪声轴流式局部通风机；
（6）FB（BSF）系列煤矿用防爆型局部通风机。

8.3.2 主扇、辅扇、局扇的解释和作用

主扇用于全矿井或矿井某一翼的通风，又称主通风机。

辅扇在矿井通风网络中用于调节分支风路的起风量，是协助主通风机工作的。

局扇主要用于矿井无贯通风流的没有打通的巷道的通风。

8.3.3 矿用风机使用规定及注意事项

为保证矿用风机长期安全运行，必须正确使用和进行经常性的维护保养。掘进巷道采用抽出式通风机进行混合式通风时，应符合《煤矿安全规程》的有关规定。通风机前应设置安全风窗；起动通风机前应先打开安全风窗；待运转正常后，再逐渐关闭安全风窗。起动通风机前应检查通风机和开关附近 10 m 以内的瓦斯质量分数。只有在瓦斯质量分数不超过 0.5% 时，方可启动通风机。若瓦斯质量分数超限，则应采取相应的措施。通风机若在运行中因故障停止运转，则在重新起动前，也应检测风管内的瓦斯质量分数。若瓦斯质量分数超标，应按煤矿

安全规程规定处理。

8.3.4 矿用风机安装注意事项

矿用对旋主扇在使用时一般采用轨道轴向移动或侧向移动，钢制轨道铺设在水平的水泥基础上。在安装大型矿用风机前需要对现场水泥基础的承载能力进行勘测，达到要求时方可安装，否则可能会出现塌陷问题。此外，在安装矿用风机前还需对周围环境进行考察，出风口需朝向天空或荒野，不能朝向周围建筑或人群活动的区域。

8.4 矿井主要通风机检查清单

8.4.1 机械部分

（1）检查设备零部件是否完整齐全，设备是否完好。

（2）检查主通风机的性能是否良好，运行效率应不低于额定效率的90%。

（3）检查两台主通风机的通风能力是否同等，主、备通风机 10 min 内能否开动。

（4）检查机壳、风门是否漏风，防腐是否良好。

（5）每年进行 1 次技术测定，每 5 年至少进行 1 次性能测定，每年对叶柄、主轴关键部件进行 1 次探伤，并有技术分析和处理意见。

8.4.2 安全保护

（1）检查反风装置的机构是否灵活，能否在 10 min 内改变巷道的风流方向，并每年必须进行 1 次反风试验。

（2）每月倒机 1 次，检查 1 次。倒机后应能按检修规定，进行定期检修。

（3）检查外露转动部分及带电裸露部分是否有保护栅栏和警戒牌。

（4）检查正压计、负压计、全压计、电流表、电压表、温度计等是否齐全和灵敏可靠，并每年试验 1 次。

（5）检查主通风机是否有可靠的双电源，供电线路应来自各自的变压器和母线段，线路上不得分接任何负荷，实行全分列运行。

（6）检查是否有供电系统设计图纸和整定计算书，过流和短路保护装置动作是否可靠。检查的结果应该是整定合格，电气设备接地良好。

（7）检查后备 UPS 电源系统是否已按要求做充放电试验，是否满足要求。

8.4.3 规章制度

（1）要害场所管理制、岗位责任制、包机制、交接班制度、起动及倒机操作规程、定期检修规程、维护保养规程、领导干部上岗制度、保护试验制度、巡回检查制度、应急预案及操作流程等应悬挂上墙。

（2）要害场所登记簿、干部上岗登记簿、运转日志、巡回检查记录簿、事故记录簿、定期检修维修保养记录簿、保护试验记录、交接班记录等应齐全。

（3）设备图纸、技术特征卡片、技术测定资料及关键部位探伤资料等应资料齐全。

8.4.4 机房设施

（1）机房必须装有直通调度室的专用电话。

（2）配件、专用工具应齐全和摆放整齐。

（3）防护用具（绝缘靴、手套、试电笔、停电牌等）应齐全，并有序存放，方便使用。

（4）消防器材放置整齐，取用方便，数量充足（备有 2~4 个灭火器和不小于 0.2 m³ 的灭火砂）。

（5）室内照明充足，光线适度，并装设了应急照明装置。

8.5 风机与破碎机

8.5.1 连接方式

破碎机与风机一般采用管道连接，可以根据现场情况自由配置。连接方式有直通式、支路式、独立式等多种形式。

8.5.2 作用

（1）排风。粉碎机在工作过程中会产生大量的粉尘和废气，连接风机可以将粉尘和废气排到室外，使生产车间空气保持清新。

（2）除尘。风机可以与除尘器配合使用，过滤和净化粉尘和废气，以减少对环境的污染和对员工健康的影响，同时也符合国家的环保要求。

（3）输送。连接风机可以实现物料的输送，将物料从粉碎机输送到下一个工序的设备中，在提高生产效率的同时还能减少人力和物力的浪费。

（4）冷却。粉碎机在工作时会产生一定的热量，通过连接风机，可以将室外空气引入粉碎机中，实现对物料的冷却。这样不仅可以保证生产过程的稳定性，同时也能延长设备的使用寿命。

综上所述，粉碎机连接风机可以实现排风、除尘、输送和冷却等功能，不仅可以提高生产效率，还可以保障生产过程的环保和安全。

参 考 文 献

[1] 李洋波，蔡改贫．对辊式破碎机岩石破碎特性研究［J］．有色金属（选矿部分），2023（3）：131-143.

[2] 张智荣．环锤式碎煤机的选型设计［J］．山西师范大学学报（自然科学版），2021，35（1）：89-95.

[3] 袁坤，陈思明，高扬，等．CM420可逆破碎机在盐湖镁业选煤厂的应用剖析［J］．煤矿机械，2023，44（12）：154-157.

[4] 银海娟．印度某火电厂碎煤机室振动分析与处理［J］．电力系统装备，2023（9）：146-148.

[5] 晁燕飞，李乔安，岳俊，等．颚式破碎机轴承端盖密封改进及应用［J］．云南冶金，2023，52（2）：121-125.

[6] 汪建新，黄璇，杜志强．新型双腔颚式破碎机的原理及破碎力的计算［J］．有色金属（选矿部分），2022（3）：113-117.

[7] 王中双，周千斌，师永珍．颚式破碎机系统动力学统一化建模与仿真向量键合图法［J］．机械强度，2022，44（2）：402-408.

[8] 孙宇飞，郑晓雯，陈浩，等．基于改进遗传算法的颚式破碎机优化方法研究［J］．哈尔滨理工大学学报，2022，27（2）：29-35.

[9] 刘永平．考虑损伤缺陷的颚式破碎机齿轮传动寿命预测方法［J］．机械设计与制造工程，2021，50（1）：63-67.

[10] 李刚，余宗胜，吴青青，等．复摆颚式破碎机的动力学分析及优化［J］．矿山机械，2016（7）：41-44.

[11] 吴宗泽．机械零件设计手册［M］．北京：机械工业出版社，2004.

[12] 廖汉元，孔建益，钮国辉．颚式破碎机［M］．北京：机械工业出版社，1998.

[13] 郎宝贤，郎世平．破碎机［M］．北京：冶金工业出版社，2008.

[14] 周恩浦．矿山机械（选矿机械部分）［M］．北京：冶金工业出版社，1979.

[15] 唐敬麟．破碎与筛分机械设计选用手册［M］．北京：化学工业出版社，2001.

[16] 任德树．粉碎筛分原理与设计［M］．北京：冶金工业出版社，1984.

[17] 刘树英．破碎粉磨机机械设计［M］．沈阳：东北大学出版社，2001.

[18] 东北工学院矿机教研室．选矿机械［M］．北京：冶金工业出版社，1961.